FORSCHUNGSBERICHTE DES LANDES NORDRHEIN-WESTFALEN

Nr. 1646

Herausgegeben

im Auftrage des Ministerpräsidenten Dr. Franz Meyers

von Staatssekretär Professor Dr. h. c. Dr. E. h. Leo Brandt

DK 621.791.72
621.791.947.2

Prof. Dr.-Ing. Alfred H. Henning †
Prof. Dr.-Ing. habil. Karl Krekeler †
Dipl.-Ing. E. O. Dessel

Institut für Schweißtechnische Fertigungsverfahren
der Rhein.-Westf. Techn. Hochschule Aachen

Schneid- und Schweißversuche
mit Elektronenstrahlen

WESTDEUTSCHER VERLAG · KÖLN UND OPLADEN 1966

ISBN 978-3-663-06679-8   ISBN 978-3-663-07592-9 (eBook)
DOI 10.1007/978-3-663-07592-9

Verlags-Nr. 2011646

© 1966 by Westdeutscher Verlag, Köln und Opladen

Gesamtherstellung: Westdeutscher Verlag

Inhalt

1. Einleitung 7
2. Elektronenstrahlung 8
   2.1. Eigenschaften der Elektronenstrahlen 8
   2.2. Erzeugung von Elektronenstrahlen 9
   2.3. Wirkung bei Auftreffen der Elektronen auf Festkörper 9
   2.3.1. Energie 9
   2.3.2. Elektronendruck und Eindringtiefe 10
3. Versuchsaufbau 11
   3.1. Allgemeine Beschreibung von Elektronenstrahlschweißgeräten ... 11
   3.2. Elektronenstrahlschweißgerät ES 1002 der Firma Carl Zeiss, Oberkochen 12
   3.3. Schweißen mit Elektronenstrahlen 15
   3.4. Trennen mit Elektronenstrahlen 16
4. Versuchswerkstoffe 18
   4.1. Rost- und säurebeständiger Stahl X 10 CrNiTi 18 9, Werkstoffnummer 4541 18
   4.2. Eigenschaften von Inconel 19
5. Versuchsdurchführung 22
   5.1. Probenvorbereitung 22
   5.2. Einspannvorrichtung 22
   5.3. Durchführung der Trennversuche 22
6. Auswertung der Versuchsergebnisse 23
   6.1. Einfluß der Beschleunigungsspannung 23
   6.2. Einfluß von Stromstärke und pro Nahtlängeneinheit eingebrachter Energie 23
   6.3. Einfluß der Vorschubgeschwindigkeit 24
   6.4. Einfluß von Strom und Geschwindigkeit auf die Beschaffenheit des Trennschnittes 26

6.5.	Einfluß der Fokushöhe	30
6.6.	Einfluß von Impulsfrequenz und Impulsbreite	30
6.7.	Einfluß der Pendelung	32
6.8.	Tiefe der wärmebeeinflußten Zone an den Schnittkanten	32
6.9.	Form der Trennfuge und Qualität der Schnittflächen	32
6.10.	Leistungsbedarf in Abhängigkeit von der Blechdicke	36
6.11.	Schneiden von Inconel	40
6.12.	Verschweißen von Elektronenstrahlgeschnittenen Blechen	41

7. Zusammenfassung 45

8. Literaturverzeichnis 47

1. Einleitung

Die vielseitige Verwendung, die die Elektronenstrahlung seit ihrer Entdeckung im Jahre 1869 gefunden hat, ist weitgehend bekannt. Anwendungsbeispiele findet man u. a. in der Elektronenröhre, der Braunschen Röhre, der Röntgenröhre und in der Elektronenoptik.

Die Elektronenröhre dient zur Strom- und Spannungsverstärkung mit Hilfe des gesteuerten Ladungstransportes. Sie findet Verwendung als Gleichrichter-, Verstärker und Senderöhre.

Von der Braunschen Röhre führt der Weg über den Oszillographen zur Bildröhre der Fernsehgeräte. Ein gebündelter, in x- und y-Richtung steuerbarer Elektronenstrahl ermöglicht das Umsetzen elektrischer Informationen in ein optisches Bild auf dem Leuchtschirm.

In der Röntgenröhre wird die kinetische Energie stark beschleunigter Elektronen eines Elektronenstrahles beim Auftreffen auf der Anode in kurzwellige elektromagnetische Strahlung von hohem Durchdringungsvermögen umgewandelt.

Die Elektronenoptik macht sich die Analogie der Elektronenstrahlung zur Lichtstrahlung zunutze. An die Stelle des Lichtstrahles tritt der Elektronenstrahl. Die optischen Linsen werden durch elektrostatische oder magnetische Glieder ersetzt. Da das Auflösungsvermögen und die Vergrößerung eines optischen Mikroskopes durch die Wellenlänge des Lichtes begrenzt werden, liegt die Auflösungsgrenze bei etwa 0,15 µ. Mit dem Elektronenmikroskop lassen sich aber Werte von 0,0015 µ erreichen.

2. Elektronenstrahlung

2.1. Eigenschaften der Elektronenstrahlen

Elektronen sind kleine negativ geladene Elementarteilchen. Ihre Masse beträgt $m_0 = 9{,}11 \cdot 10^{-28}$ g, die Ladung $1{,}602 \cdot 10^{-19}$ Coulomb. Elektronenstrahl nennt man eine Anzahl von Elektronen, die sich mit einer bestimmten Geschwindigkeit in eine bestimmte Richtung bewegen. Die Elektronenstrahlung wird mit anderen, aus elektrisch geladenen Atomteilchen gebildeten Strahlungen zur Gruppe der Ladungsträgerstrahlen zusammengefaßt. Auf Grund seiner negativen Ladung kann ein Elektron im elektrischen Feld abgelenkt, beschleunigt oder gebremst werden. Die Beschleunigung im homogenen elektrischen Feld erfolgt nach den Gesetzen des freien Falles. Die Endgeschwindigkeit des Elektrons nach dem Passieren des Beschleunigungsfeldes ist demnach nur von der angelegten Spannung abhängig. Sie läßt sich nach folgender Formel darstellen:

$$E_{\text{kin}} = e \cdot u = m \cdot c^2 - m_0 \cdot c^2 \tag{1}$$

Es bedeuten:

e = Elementarladung des Elektrons

u = Beschleunigungsspannung

m_0 = Ruhemasse des Elektrons

m = Masse bei der Geschwindigkeit v unter Berücksichtigung der Massenveränderlichkeit

$$m = \frac{m_0}{\sqrt{1 - \frac{v^2}{c^2}}} \tag{2}$$

Auch Magnetfelder beeinflussen den Elektronenstrahl. Die Kraft, die auf das einzelne Elektron einwirkt, errechnet sich aus der Beziehung:

$$\mathfrak{K} = e(\mathfrak{v} \times \mathfrak{B}) \tag{3}$$

Daraus folgert, daß die Ablenkkraft um so größer ist, je größer die Geschwindigkeit des Elektrons ist. Ein ruhendes Elektron wird nicht beeinflußt. Die Kraft wirkt immer in der Ebene senkrecht zur Bewegungsrichtung. Eine Geschwindigkeitsänderung erfolgt nicht.

2.2. Erzeugung von Elektronenstrahlen

Elektronenstrahlen werden in der Hauptsache in Gasentladungsröhren und hochevakuierten Glühkathodenröhren erzeugt. Nach dem Prinzip der letzteren arbeitet die Strahlenquelle des Elektronenstrahlschweißgerätes.
Ein Wolframfaden wird durch Stromdurchgang hoch erhitzt. Ist die Temperatur hoch genug um die Austrittsarbeit zu überwinden, treten aus ihm Elektronen aus. Durch Anlegen eines elektrischen Feldes dergestalt, daß der Glühfaden Kathode wird, werden die Elektronen zur Anode hin beschleunigt. Die Menge der aus der Kathode austretenden und zur Anode fließenden Elektronen ist primär abhängig von der Temperatur der Kathode, vom Werkstoff der Kathode und damit von der von ihm abhängigen Austrittsarbeit und von der Größe der Oberfläche der Kathode. Bei einem Triodensystem, wie es beim Elektronenstrahlschweißen fast ausschließlich verwendet wird, ist die Menge auch noch von der Größe der Wehneltspannung abhängig.

2.3. Wirkung bei Auftreffen der Elektronen auf Festkörper

2.3.1. Energie

Jedes Elektron im Elektronenstrahl hat eine kinetische Energie von

$$E_{kin} = \frac{mv^2}{2} \qquad (4)$$

Trifft es auf einen festen Körper, wird seine Geschwindigkeit auf Null abgebremst. Die Bewegungsenergie der Elektronen wird dabei in andere Energieformen umgesetzt. So läßt man beispielsweise in der Braunschen Röhre die Elektronen auf einen Fluoreszenzschirm aufprallen, wobei Licht erzeugt wird. In der Röntgenröhre prallen die Elektronen auf die Anode und erzeugen hier eine sehr kurzwellige elektromagnetische Strahlung, die Röntgenstrahlen. Allen bisher genannten Anwendungen der Elektronenstrahlung stand als Nachteil eine mehr oder weniger große Wärmeentwicklung am Auftreffpunkt der Elektronen gegenüber, so daß häufig noch besondere Vorkehrungen zur Kühlung getroffen werden mußten.
Beim Elektronenstrahlschweißen wird diese durch das Aufprallen der Elektronen auf ein festes Medium entstehende Wärme bewußt zum Schweißen ausgenutzt. Die außerdem entstehende kurzwellige Bremsstrahlung muß durch eine geeignete Abschirmung zurückgehalten werden.

2.3.2. Elektronendruck und Eindringtiefe

Der Druck des Elektronenstrahles an der Auftreffstelle errechnet sich aus

$$p = n \sqrt{\frac{2 m_0}{e} \cdot \frac{1}{U_B}} \tag{5}$$

p = Elektronendruck
n = Leistungsdichte im Schweißfleck
m_0 = Ruhemasse des Elektrons
e = Ladung des Elektrons
U_B = Beschleunigungsspannung

Die Formel zeigt, daß, gleiche Leistungsdichte vorausgesetzt, der Druck um so größer wird, je kleiner die Beschleunigungsspannung des Strahles ist.

Die Eindringtiefe in festes Material ergibt sich nach SCHONLAND zu

$$s = \frac{k \cdot U_B^2}{\varrho} \tag{6}$$

s = Eindringtiefe
k = Konstante = $2{,}1 \cdot 20^{-12}$ g $\cdot$ cm^{-2} $\cdot$ Volt^{-2}
U_B = Beschleunigungsspannung
ϱ = Dichte des Werkstoffes

3. Versuchsaufbau

3.1. Allgemeine Beschreibung von Elektronenstrahlschweißgeräten

Nach der Art der Beschleunigungsstrecke kann man die Elektronenstrahlschweißmaschinen in Geräte mit als Anode geschaltetem Werkstück und solche mit separater Anode einteilen [3]. Nach der Höhe der Beschleunigungsspannung unterscheidet man sogenannte »Niederspannungsanlagen« bis 40 kV und »Hochspannungsanlagen« bis 150 kV.
Schweißgeräte mit als Werkstück geschalteter Anode findet man nur bei den Niederspannungsanlagen. Erstmals beschrieben wurden sie von STOHR und BRIOLA [4]. Kathode ist eine direkt beheizte Wolframwendel. Mit einer darumliegenden Wehneltelektrode wird der Stahl elektrostatisch fokussiert. Die Nachteile dieser Anordnung sind offensichtlich. Bei Gasausbrüchen im Schweißgut treten sofort Hochspannungsüberschläge auf, welche den Schweißvorgang stören. Beim Schweißen mit höheren Leistungen verdampft aus der Naht Werkstoff. Diese Metalldampfwolke wird durch den Strahl ionisiert und bildet die Ursache für Überschläge und instabilen Strahl. Durch den Aufprall von Ionen auf die Kathode wird deren Lebensdauer stark herabgesetzt.
Diese Nachteile werden durch Anlagen mit separater Anode vermieden. Die Beschleunigungsstrecke kann hier im genügenden Abstand vom Werkstück gelegt werden. Einen noch weitgehenderen Schutz der Kathode vor auftreffenden Ionen und vor Überschlagen bildet eine abgebogene Strahlstrecke wie sie BAS und CREMOSNIK [5] und MEIER [6] beschreiben. Während BAS und CREMOSNIK, Kathode und Anode in entgegengesetzter Richtung abkippen und damit eine gebogene Beschleunigungsstrecke erreichen, legt MEIER hinter die Anode eine Ablenkspule. Der Zweck beider Anordnungen ist der gleiche. Die Kathode liegt, vom Werkstück aus gesehen, im »Schatten« der Anode und wird von Ionen und Metalldampf nicht getroffen.
Anlagen mit separater Beschleunigungsstrecke erfordern zur Fokussierung des Strahles auf der Werkstückoberfläche eine Magnetlinse. »Niederspannungsgeräte« benötigen zur Erzeugung der erforderlichen Schweißleistungen hohe Ströme bei verhältnismäßig niedrigen Spannungen. Üblich sind Hochstromkathoden nach PIERCE [7] oder indirekt beheizte Bolzenkathoden [5]. Bei diesen läßt sich der Bolzen gegen einen dünneren auswechseln, wenn geringe Leistung benötigt wird. Entsprechend der kleineren Emissionsfläche wird auch der Durchmesser des Brennfleckes geringer. Direkt beheizte Wolframwendeln sind ebenfalls üblich.
In Hochspannungsgeräten wird im allgemeinen das Fernfokussystem [8] nach STEIGERWALD angewandt. Der um die Kathode herumliegende Wehneltzylinder und die Anode sind so ausgebildet, daß das Beschleunigungsfeld auf den Strahl

eine fokussierende Wirkung ausübt. Der Brennpunkt (Crossover) dieses Systems liegt weit unterhalb der Anode. Bei Nachfokussierung durch eine Magnetlinse werden sehr hohe Leistungsdichten und enger Strahlquerschnitt erreicht, wie sie für die »Tiefschweißung« benötigt werden. Als Kathoden finden direkt beheizte Wolframdrähte oder -bänder Verwendung.

Im Gegensatz zu den Niederspannungsgeräten muß bei den Hochspannungsgeräten die sehr hohe Röntgenstrahlung berücksichtigt werden. Während bei ersteren die Wände der Vakuumkammer die Strahlung abzuhalten vermögen, ist bei letzteren eine Bleiabschirmung unumgänglich.

Neuerdings werden in der Literatur Schweißgeräte beschrieben, bei denen der Elektronenstrahl an der Atmosphäre austritt [6, 10]. Diese Geräte sind Hochspannungsgeräte mit max. Beschleunigungsspannungen von 150 bis 175 kV.

3.2. Elektronenstrahlschweißgerät ES 1002 der Firma Carl Zeiss, Oberkochen

Technische Daten:

Beschleunigungsspannung	max. 150 kV	
Strahlstrom	max. 20 mA	
Schweißleistung	max. 3 kW	
Pendelfrequenz des Strahles	50 Hz	trapezförmig
Pendelamplitude	0–3 mm	längs und quer
Impulsfrequenz des Strahles	1–2800 Hz	in 8 Stufen
Impulsbreite	0,05–5 msec	in 8 Stufen
Schweißgeschwindigkeit	1–10 mm/sec	
Schweißlänge	max. 190 mm	
Vakuum	$1 \cdot 10^{-4}$ Torr	
Pumpzeit nach Werkstückwechsel	ca. 20 min	

Das Elektronenstrahlschweißgerät ES 1002 zählt zur Gruppe der Hochspannungsgeräte. Es ist ausgelegt für Schweißspannungen von 100 bis 150 kV. Der Schweißstrom ist mit 20 mA begrenzt. Damit ergibt sich eine maximale Schweißleistung von 3 kW.

Die Anlage gliedert sich in

1) Schweißkammer
2) Vakuumpumpe
3) Strahlerzeugungssystem
4) Hochspannungsanlage
5) Hilfsspannungsgerät zur Erzeugung von Wehneltspannung und Heizstrom
6) Steuerschrank

Die quaderförmige Schweißkammer hat die Innenabmessungen $450 \times 370 \times 190$ mm. In dieser Kammer befindet sich ein Arbeitstisch mit Bewegungsmöglichkeit in zwei senkrecht zueinanderstehenden Richtungen. Die Bewegung in y-Richtung

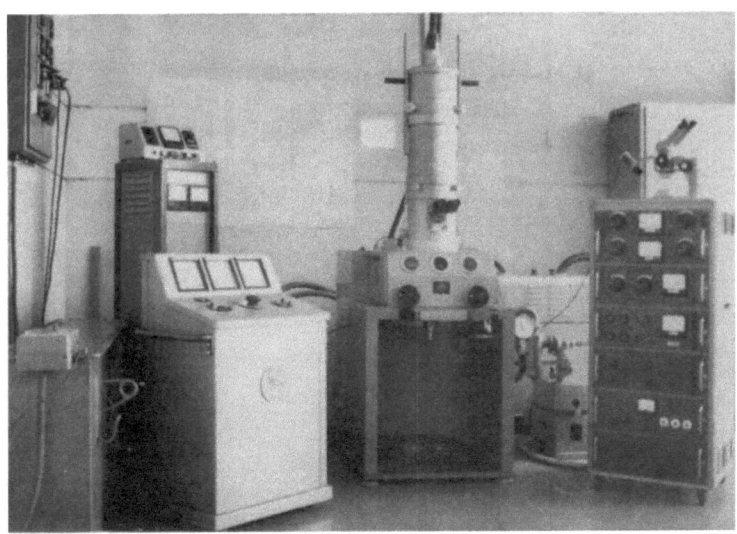

Abb. 1　Elektronenstrahlschweißgerät ES 1002

geschieht von Hand und ist mit 130 mm begrenzt, in x-Richtung von Hand oder motorisch mit Geschwindigkeiten von 1 bis 10 mm/sec. Die Schweißlänge beträgt hier 190 mm. Die lichte Höhe über dem Arbeitstisch beträgt 85 mm. Eine senkrechte Bewegung ist nicht vorgesehen. Drehbewegungen sind nicht vorhanden. Die Vakuumanlage besteht aus einer Rotationspumpe und einer Diffusionspumpe. Ein Vakuum von $1 \cdot 10^{-4}$ Torr wird nach ungefähr 20 min erreicht.
Das Strahlerzeugungssystem ist ein »Fernfokussystem« nach STEIGERWALD. Als Kathode dient entweder ein haarnadelförmig gebogener Wolframdraht von 0,25 mm Durchmesser (Haarnadelkathode), ein fünffach gewendelter Wolframdraht desselben Durchmessers (Wendelkathode) oder ein 0,9 mm breites Wolframband von 0,1 mm Dicke (Bandkathode).
Strom und Spannung sind stufenlos regelbar.

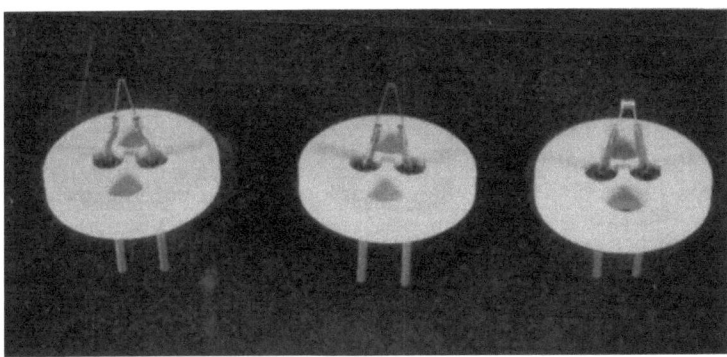

Abb. 2　Kathoden

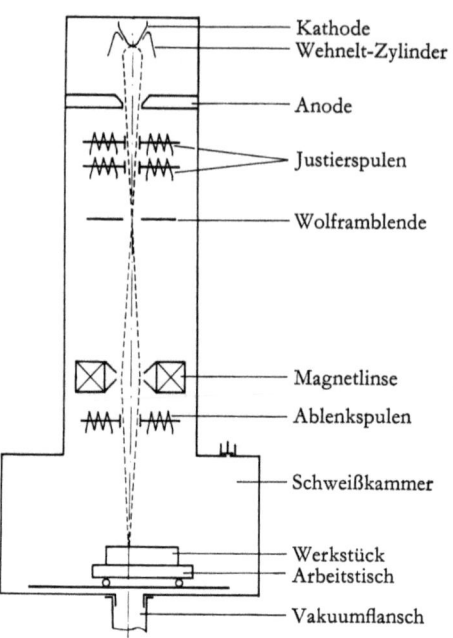

Abb. 3 Schematisches Funktionsbild der Elektronenstrahlschweißmaschine ES 1002

Mit Hilfe der Wehneltspannung wird der Strahlstrom gesteuert. Die geometrischen Abmessungen der Wehneltelektrode und Anode sind beim Fernfokussystem so gewählt, daß das Beschleunigungsfeld zwischen Kathode und Anode schon fokussierenden Einfluß auf den Strahl ausübt. Eine elektromagnetische Linse dient zur Nachfokussierung. Ein sich unterhalb der Magnetlinse befindliches Ablenksystem gestattet, den Strahl längs und quer zur Naht zu oszillieren (pendeln). Die Pendelfrequenz beträgt 50 Hz, der Ablenkstrom ist trapezförmig. Die Pendelamplitude ist stufenlos zwischen 0–3 mm einstellbar.

Die Hochspannungsanlage besteht aus einem Hochspannungssteuerpult, in dem die Netzspannung auf 0–3 kV transformiert wird, und dem eigentlichen Hochspannungsgenerator, in welchem diese Spannung bis auf maximal 150 kV transformiert, gleichgerichtet und geglättet wird. Während der negative Pol zur Kathode führt, ist der positive Pol, wie auch Anode und Werkstück, geerdet.

Zwischen Hochspannungsgerät und Kathode liegt das Hilfspannungsgerät. In ihm werden zur Hochspannung die Heizspannung der Kathode und die Wehneltspannung erzeugt. Außerdem befindet sich im Hilfspannungsgerät ein Impulsgenerator. Damit besteht die Möglichkeit, die Wehneltspannung zwischen einem festeingestellten Wert und einem Höchstwert pulsieren zu lassen. Entsprechend pulsiert dann der Strahlstrom zwischen 0 und dem gewünschten Wert. Die Impulsfrequenz ist zwischen 1–2800 Hz und die Impulsbreite zwischen 0,05–5 ms in 8 Stufen einstellbar.

Im Steuerschrank befinden sich die Bedienungselemente für die Pumpensteuerung, Kathodeneinstellung, Linsenstromerzeugung und Strahlablenksteuerung.

3.3. Schweißen mit Elektronenstrahlen

Wie schon unter 2.3. dargelegt, setzen die Elektronen, die mit hoher Geschwindigkeit auf das Werkstück prallen, ihre kinetische Energie zum größten Teil in Wärme um. Ist die Energiekonzentration genügend hoch, tritt der sogenannte Tiefschweißeffekt auf. Die Nahtform erklärt sich nicht aus einem Eindringen der Elektronen in das Material, wie man nach Abb. 4 vermuten könnte.

Abb. 4 Elektronenstrahlschweißnaht
Werkstoff Inconel, Blechdicke 8 mm, V = 5×

Tatsächlich beträgt nach SCHONLAND [5] die Eindringtiefe der Elektronen in Stahl bei einer Schweißspannung von 150 kV nur 60 µm.
Die Entstehung der Naht erklärt sich anders: Der auf das Werkstück auftreffende Strahl erhitzt dieses an der Oberfläche dermaßen, daß im Schweißfleck die Verdampfungstemperatur erreicht wird. Das spontan verdampfende Material drückt zusammen mit dem Druck des auftreffenden Strahles das den Brennfleck umgebende flüssige Material zur Seite, so daß ein kleines Loch entsteht. Die nachfolgenden Elektronen im Strahl stoßen in dieses Loch ein und wiederholen den Vorgang. So bohrt sich der Elektronenstrahl einen feinen Kanal in das Werkstück, der bis zur tiefsten Stelle des Einbrandes reicht. Offen gehalten wird er durch den Druck des verdampfenden Materials und der Elektronen.
Beim Schweißen bewegt sich dieser Kanal durch das Werkstück. Vorn öffnet er sich, während er hinter dem Strahl wieder zusammenfließt, vergleichbar mit einem heißen Draht, den man durch einen Eisblock zieht.
Mit dem Elektronenstrahlschweißverfahren lassen sich sowohl Werkstückdicken von wenigen hundertstel mm bis 100 mm in einem Durchgang verschweißen. Charakteristisch ist die gegenüber anderen Schweißverfahren wesentlich höhere Leistungsdichte und der geringere Energiebedarf [2]. Die Schweißnähte können ein Breite-zu-Tiefe-Verhältnis von 1:20 erreichen. Damit ergibt sich ein wesentlich geringerer Verzug und damit kleinere Schweißspannungen. Die Wärmebeeinflussung auf den Grundwerkstoff ist geringer durch die sehr konzentrierte Wärmequelle und die hohen Schweißgeschwindigkeiten. Da das Verfahren im allgemeinen im Vakuum stattfindet, erübrigen sich besondere Schutzmaßnahmen

für das heiße Schweißgut. Daher lassen sich auch Werkstoffe verschweißen, die eine sehr hohe Affinität zur Atmosphäre haben wie Tantal, Niob, Titan und andere. Wegen der hohen Temperatur im Schweißfleck sind der Schweißung durch den Schmelzpunkt der Werkstoffe keine Schranken gesetzt. Werkstoffe wie Molybdän, Wolfram oder auch Keramiken lassen sich verschweißen.
Als Nahtvorbereitung wird der I-Stoß gewählt. Es wird im allgemeinen ohne Zusatzwerkstoff geschweißt. Die Schweißkanten müssen sauber aneinanderliegen, da sonst der Elektronenstrahl wirkungslos hindurchschießt. Einfache Schnittkanten, z. B. von einer Blechschere oder ein Brennschnitt, genügen nicht. Sie müssen nachgearbeitet, entweder gehobelt, gefräst oder geschliffen werden.

3.4. Trennen mit Elektronenstrahlen

Ein Elektronenstrahl übt auf das auftreffende Material einen Druck aus. Wie aus Formel (4) zu ersehen ist, hängt dieser Druck von der Leistungsdichte und der Beschleunigungsspannung ab. Bei einem Strahl von 3 kW Leistung mit einem Durchmesser von 0,2 mm und einer Beschleunigungsspannung von 150 kV ergibt das bei Berücksichtigung der Massenänderung der Elektronen bei hoher Geschwindigkeit einen Druck des Strahles von 9,6 p/cm² auf die Schmelze. Dieser Druck würde ausreichen, um in eine Stahlschmelze ein Loch von 0,2 mm Durchmesser und 12,4 mm Tiefe zu drücken, wenn man die Oberflächenspannung und Kapillarwirkung unberücksichtigt läßt. Zu diesem Elektronendruck kommt noch der Druck des verdampfenden Materials, der nach allen Seiten wirkt.
All diese Kräfte, die auf die Schmelze wirken, reichen jedoch noch nicht aus, um das Material nach unten aus der Schnittfuge zu schleudern. Der Strahl bohrt sich ein Loch durch den Werkstoff und schießt dann zum größten Teil wirkungslos nach unten heraus. Dieser so entstandene Kanal wandert durch das Werkstück, wobei hinter dem Strahl der Werkstoff infolge seiner Oberflächenspannung wieder zusammenfließt.
Dieser Vorgang ändert sich sofort, wenn mit Strahlimpulsen gearbeitet wird. Bei einem Tastverhältnis (gleich Verhältnis Impulsbreite : Periodenlänge) von 1:2 und einer Durchschnittsleistung von 3 kW ergibt sich in der Impulsspitze eine Leistung von 6 kW. Mit den für die Schweißmaschine ES 1002 und ES 1012 neu entwickelten Bandkathoden ist es möglich auch bei dieser Leistung noch einen scharf fokussierten Strahl und damit die benötigte hohe Leistungsdichte zu erreichen.
Vom Elektronenstrahlschneiden wurde ein Zeitdehnerfilm gedreht. Die Bildfrequenz war 7000 Bilder pro Sekunde.

Schneidleistung	2,9 kW
Impulsfrequenz	1000 Hz
Tastverhältnis	1:2
Vorschubgeschwindigkeit	0,45 mm/sec
Blechdicke	9 mm
Brennfleck	10 mm über Werkstückoberfläche

Die Bilder zeigen, daß der flüssige Werkstoff in der Schnittfuge sehr heftige vertikale pulsierende Bewegungen ausführt. Bei Einsetzen des Strahles pflanzt sich eine Druckwelle von oben nach unten durch den Werkstoff fort, die teilweise zu explosionsartigem Zerplatzen des Materials führt. Der flüssige Werkstoff bewegt sich im »Pilgerschritt« im Rhythmus der Impulsfrequenz in der Schnittfuge abwärts, um dann schließlich unten herausgeschleudert zu werden.

OPITZ und STEIGERWALD [11] erklären das Herausschleudern des Materials aus der Schnittfuge durch die Wirkung des Dampfdruckes im inneren der nach unten breiter werdenden Schmelzzone. Dieser Dampfdruck bewirkt, im Takt der Impulseinschaltdauer, eine rhythmische Expansion des flüssigen Materials, deren Kraftwirkung vorwiegend nach unten gerichtet ist.

Nicht zu verwechseln ist das Elektronenstrahltrennen mit dem sogenannten »Elektronenstrahl-Fräsen«, einem Trennverfahren durch Abdampfen des Werkstoffes. Bei diesem Verfahren sind nur sehr kleine Blechdicken zu trennen. Die Trennfuge ist wesentlich schmaler und die Schneidgeschwindigkeit wesentlich geringer. [1].

4. Versuchswerkstoffe

4.1. Rost- und säurebeständiger Stahl X 10 CrNiTi 18 9, Werkstoffnummer 4541

Für die Versuche zur Bestimmung des Einflusses der Einstelldaten auf das Schneidergebnis wurden austenitische Chrom–Nickelstahlbleche der Qualität X 10 CrNiTi 18 9, Werkstoffnummer 4541 verwendet.

Chemische Zusammensetzung nach Angaben des Herstellers [12]:

C	0,1%
Cr	18%
Ni	10%
Si	< 1%
Mn	< 2%
Ti	> 5 · % C

Mechanische Eigenschaften bei Raumtemperatur:

Zugfestigkeit	50–75 kp/mm^2
Streckgrenze	25 kp/mm^2
Bruchdeutung	($l_0 = 5\,d$) = 40 %
Brinellhärte HB	130–190 kp/mm^2
Kerbschlagzähigkeit	15 mkg/cm^2

Verwendungszustand
Wärmebehandlung: Abgeschreckt von 1020 bis 1070°C

Metallurgische Eigenschaften
Unter den korrosionsbeständigen Stählen zeichnen sich die austenitischen Cr—Ni-Stähle durch ihre hohe Widerstandsfähigkeit gegen Zerstörung durch chemische und elektrochemische Angriffe aus. Außerdem sind sie vollständig rostsicher. Die große Korrosionsbeständigkeit dieser Stähle basiert vor allem auf ihrem hohen Chromgehalt von mindestens 12,5%. Bei diesem Gehalt überträgt das Chrom seine Passivität gegenüber vielen Angriffsmitteln auf den Stahl. Der Nickelanteil bewirkt eine Steigerung der Beständigkeit gegenüber Halogenen und nichtoxydierenden Säuren, sowie wegen seiner Neigung zur Mischkristallbildung, die Bildung des Austenites.
»Durch Erwärmung auf Temperaturen zwischen 400–900°C, wie sie auch in einer gewissen Entfernung von der Schweißnaht stattfindet, scheidet sich der durch eine vorherige Abschreckbehandlung von hohen Temperaturen im Austenit gelöste Kohlenstoff in Form von Chromkarbiden auf den Korngrenzen wieder aus. Die

dadurch bewirkte Chromverarmung der Grundmasse an diesen Stellen kann bei einer chemischen Einwirkung interkristalline Korrosion hervorrufen. Zur Vermeidung der interkristallinen Korrosion wird bei den Schweißqualitäten entweder der Kohlenstoffgehalt unter 0,07% gehalten, oder der Stahl wird durch Zusätze von Titan, Tantal oder Niob stabilisiert. Diese Elemente sind starke Karbidbildner. Ihre Affinität zum Kohlenstoff ist höher als die des Chroms. Sie verhindern damit die unerwünschte Entstehung von Chromkarbiden.«

4.2. Eigenschaften von Inconel [13]

Chemische Zusammensetzung:

Nickel	72%
Chrom	14–17%
Eisen	6–10%
Mangan	1%
Kupfer	0,7%
Silizium	0,5%
Kohlenstoff	0,2%
Schwefel	0,03%

Mechanische Eigenschaften bei Raumtemperatur kalt gewalzt und geglüht:

Zugfestigkeit	56–72 kp/mm²
Streckgrenze	31–39 kp/mm
Dehnung	30–20 %
Brinellhärte	160–195 kp/mm²
Kerbschlagzähigkeit	25 kp/mm²

Zeitdehngrenze, Zustand: Warm gewalzt

Belastung, die nach 10 000 Stunden eine bleibende Dehnung von 1% hervorruft:

Temperatur °C	$\sigma_{1,0/10\,000}$ kp/mm²
480	27
540	16
600	7,9

Warmzugfestigkeit bei 700°C: 40,0 kp/mm²

Inconel hat eine gute Korrosionsbeständigkeit gegenüber einer Vielzahl von Medien. Unter oxydierenden Bedingungen ist es durch den Chromgehalt Reinnickel überlegen, unter reduzierenden Bedingungen ergibt der hohe Nickelgehalt gute Korrosionsbeständigkeit.

Legierungen auf Nickelbasis haben ein Grundgefüge aus kubisch-flächenzentrierten Gittern und sind bei Raumtemperatur unmagnetisch. Sie besitzen durch

Diagr. 1 [14]

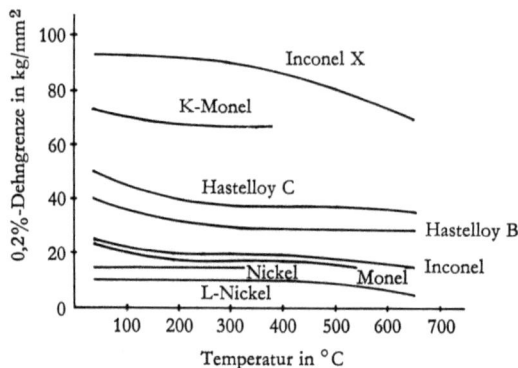

Diagr. 2 [14]

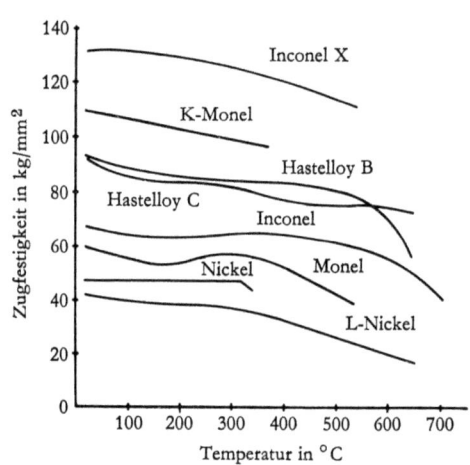

geeignete Legierungszusätze und Wärmebehandlungen hochwarmfeste Eigenschaften, hohe Zeitdehngrenze und große Zugfestigkeit bei hoher Temperatur. Die Legierungen haben im allgemeinen Chromgehalte im Bereich von 15 bis 25%, um die erforderliche Zunderbeständigkeit zu erreichen. Sie werden meist im Induktionsofen oder Lichtbogenofen erschmolzen, neuerdings auch unter Vakuum.

Die Warmverarbeitung von Inconel erfolgt je nach Verformungsgrad zwischen 870–1000 °C bzw. 1000–1250 °C. Normalisieren bei 980–1090 °C.

Auch eine Kaltverformung ist üblich. Wegen der hohen Festigkeit und Streckgrenze von Inconel erfordert sie hohe Walzendrücke.

Für alle Nickelwerkstoffe besteht eine Versprödungsgefahr bei Anwesenheit von Schwefel bei Temperaturen oberhalb 250 °C. Es bildet sich dann die niedrig schmelzende Verbindung Nickelsulfid an den Korngrenzen und verursacht Kaltversprödung. Das Eutektikum aus Nickel und Nickelsulfid schmilzt oberhalb 650 °C und kann Warmbrüchigkeit bedingen.

Die WIG- und MIG-Schweißverfahren eignen sich gut zum Verschweißen von Inconel, aber auch der Einsatz anderer Schweißverfahren ist möglich. Sehr gut bewährt haben sich die Inco-Weld-A-Elektroden und der Inconel-92-Draht. Eine Vorwärmung ist nicht erforderlich, da sich bei der Abkühlung nach dem Schweißen keine Härtungserscheinungen zeigen. Ein nachträgliches Spannungsfreiglühen ist nicht erforderlich. Zur Vermeidung von Versprödungserscheinungen ist bei der Nahtvorbereitung und beim Schweißen auf äußerste Sauberkeit zu achten. Insbesondere sind Schmiermittelreste, die stets Schwefel enthalten, vor dem Schweißen sorgfältig zu entfernen.

Inconel hat in der Industrie eine sehr große Verbreitung gefunden, zuerst wurde es für Ausrüstungen zur Herstellung von Nahrungsmitteln wie Lagertanks und Destillierapparaten verwendet. In der chemischen Industrie setzt man es in Heizvorrichtungen, Fraktionierböden, Reaktionsbehälter für Kunststoffe, Verdampfer und Schalen zum Trocknen von Chemikalien ein. Es hat Eingang in die Papierindustrie und Fotoindustrie gefunden. Aus Inconel gefertigte Bauteile haben sich ausgezeichnet bei Nitrierverfahren unter Ammoniak, Stickstoff und Wasserstoff bewährt. Im Flugzeugbau stellt man aus Inconel solche Teile her, die hohe Hitze- und Zunder-Beständigkeit besitzen müssen wie Auspuffleitungen oder Teile der Außenhaut. So ist das Forschungsflugzeug X 15 ganz mit Inconel und Inconel X, einer ausscheidungshärtenden Inconellegierung mit zusätzlich 2,5% Titan und 1% Aluminium, beplankt.

5. Versuchsdurchführung

5.1. Probenvorbereitung

Als Probenmaterial wurde das unter 4.1. und 4.2. beschriebene 18/8-Cr—Ni-Stahlblech und Inconel verwendet.
Bei dem Cr—Ni-Stahl betrugen die Blechdicken 0,5; 1; 2; 3; 4; 5; 6; 9 und 11,5 mm. Die Bleche bis zu 3 mm Dicke konnten auf einer Tafelschere zugeschnitten werden. Das stärkere Blech wurde mit einem Plasma-Schneidbrenner zerteilt und dann mit einer Bandsäge auf die gewünschten Abmessungen zugeschnitten
Die Probenabmessungen betrugen 120×30 mm × Blechdicke. Vor ihrer Verwendung wurden alle Proben mit Tetrachloräthylen gesäubert.
Das Inconel lag in Blechdicken von 2, 5, 8 und 12 mm vor. Das Material wurde auf einer Schmelzbandsäge auf die Probenabmessungen zerschnitten. Auch diese Proben wurden vor dem Schneiden sorgfältig entfettet.

5.2. Einspannvorrichtung

Als Einspannvorrichtung diente ein U-Profil von 50 mm Höhe, 100 mm Breite und 200 mm Länge. In dessen 200×200 mm großer Oberfläche war quer ein 30 mm breites und 80 mm langes Langloch gefräst. Auf der Unterseite dieser Fläche wurde die Probe unter dem Langloch mit zwei Flacheisen befestigt, die jeweils mit zwei Schrauben am Profil verschraubt wurden. Auf diese Weise befand sich die Probenoberfläche, gleich welcher Blechdicke, immer 40 mm über dem Arbeitstisch. Um ein völliges Durchtrennen der Bleche über die gesamte Probenbreite zu vermeiden, wurde ein 5 mm breites Stück am Rand mit Wolfram abgedeckt.

5.3. Durchführung der Trennversuche

Schweißversuche zeigten, daß man die größten Schweißtiefen bei konstanter Schweißleistung und Geschwindigkeit mit hoher Beschleunigungsspannung und Strahlimpulsen erreicht werden. In Vorversuchen zeigte es sich, daß mit Dauerstrahl schon bei dünnen Blechen ab 1 mm Dicke kein Trennschnitt mehr möglich ist, trotz geringster Vorschubgeschwindigkeit und maximaler Strahlleistung. Daher wurde bei allen Schneidversuchen mit Impuls gearbeitet. Da die Meßgeräte wegen ihrer Trägheit nur den mittleren Strahlstrom anzeigen, muß zur Ermittlung des tatsächlichen Impulsstromes der angezeigte Wert mit dem Quotient aus Periodenlänge und Impulsbreite multipliziert werden. In der Auswertung wird nur der mittlere Strahlstrom angegeben.

6. Auswertung der Versuchsergebnisse

6.1. Einfluß der Beschleunigungsspannung

Es wurde davon ausgegangen, daß ein Trennen mit Elektronenstrahlen nur unter Ausnutzung des Tiefschweißeffektes, das heißt bei Einbränden, bei denen die Tiefe ein Vielfaches der Breite beträgt, erfolgen kann. Wie beim Tiefschweißen soll also ein möglichst schmaler durch das Bad gehender zylindrischer Werkstoffanteil aufgeschmolzen werden. Dieser flüssige Werkstoff soll dann durch Einstellung geeigneter Versuchsbedingungen nach unten weggeschleudert werden. Da bei Blindnähten die Einbrandtiefe bei konstanter Leistung proportional mit der Spannung (Diagr. 3) wächst, wurde, abgesehen von Vorversuchen, die Spannung bei allen Untersuchungen mit 150 kV konstant gehalten.

Diagr. 3

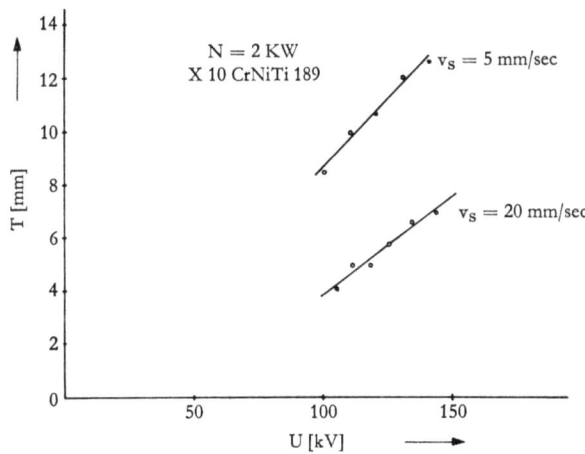

6.2. Einfluß von Stromstärke pro Nahtlängeneinheit eingebrachter Energie

Das Ergebnis eines Trennversuches ist abhängig von der Energie, die pro mm Nahtlänge auf das aus der Trennfuge zu entfernende Material einwirkt; d. h. der Betrag der Energie entscheidet darüber, ob eine Blindschweißung oder ein Durchtrennen des Materials erfolgt.

Es gilt:

$$E = \frac{U \cdot I}{v} \text{ Wsec/mm}$$

$E =$ Energie pro Millimeter Nahtlänge
$U =$ Beschleunigungsspannung in Volt
$I \;=$ Strahlstrom in Ampere
$v \;=$ Schneidgeschwindigkeit in Millimeter pro Sekunde

Da U konstant auf $150 \cdot 10^3$ Volt gehalten wurde, wird der Betrag der Energie nur durch I und v beeinflußt.

Bei konstantem Vorschub und geeigneten Schneiddaten ist eine geringste Strahlstromstärke erforderlich, um einen ersten Trennschnitt zu erreichen. Die Trennfuge ist schmal und wird mit zunehmender Stromstärke breiter. Dünne Bleche, etwa 0,5 mm Dicke, können mit sehr geringem Strahlstrom leicht durchtrennt werden, wobei sich die Trennfuge auf 0,1 mm begrenzen läßt.

Bei dickeren Blechen ist eine wesentlich höhere Mindeststromstärke erforderlich; schon bei 2 mm Blechdicke und einer Schneidgeschwindigkeit von 2 mm/sec sind 20 mA erforderlich, um ein sicheres Durchtrennen zu gewährleisten.

Ein Schnitt mit der geringsten erforderlichen Stromstärke ergibt jedoch sehr unsaubere runde Schnittkanten. Es wird nur so viel Material aus der Schnittfuge herausgeschleudert, daß gerade ein Zusammenfließen des Materials hinter dem Strahl vermieden wird. Mit zunehmender Stromstärke wird die aufgeschmolzene Zone im Werkstoff nicht wesentlich verbreitert. Der Anteil des herausgeschleuderten Materials wächst jedoch so, daß sich zwar eine breitere Schnittfuge ergibt, die Stärke des aufgeschmolzenen Materials an den Schnittkanten aber abnimmt und sich geradere Schnittkanten bilden.

6.3. Einfluß der Vorschubgeschwindigkeit

Neben der Höhe des Strahlstromes und der Beschleunigungsspannung hat die Vorschubgeschwindigkeit den größten Einfluß auf die Herstellung eines Trennschnittes. Sie darf bei konstanter Leistung einen gewissen Betrag nicht überschreiten, da sonst kein Trennen mehr erfolgt. Der Übergang vom Trennschnitt zur Blindnaht erfolgt mit wachsender Geschwindigkeit oder Verringerung des Strahlstromes dergestalt, daß immer weniger Material aus der Trennfuge geschleudert wird, bis am unteren Rand das Material hinter dem Strahl wieder zusammenfließt. Bei weiterem Steigen der Geschwindigkeit bleibt immer mehr Material in der Fuge zurück, wobei sie allmählich von unten nach oben aufgefüllt wird.

Aus den Diagr. 4 und 5 ist die fallende Tendenz des Energiebedarfes mit steigender Vorschubgeschwindigkeit zu ersehen. Die Abnahme erfolgt nicht linear, da der prozentuale Energieanteil, der durch Wärmeleitung verlorengeht, mit wachsender Schneidgeschwindigkeit geringer wird. Die Kurven zeigen an, welche

Diagr. 4

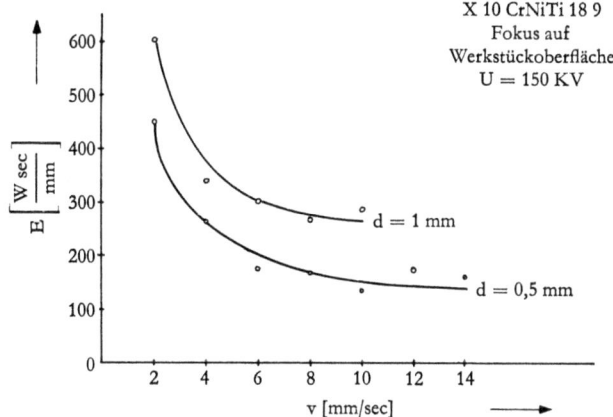

Diagr. 5

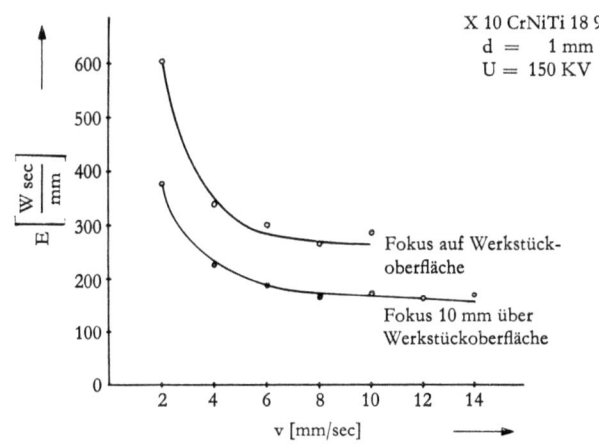

Diagr. 6

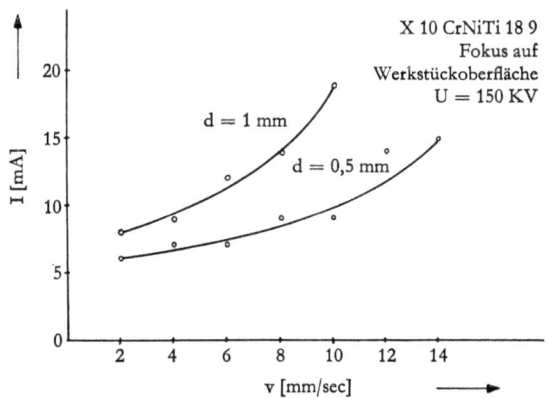

Diagr. 7

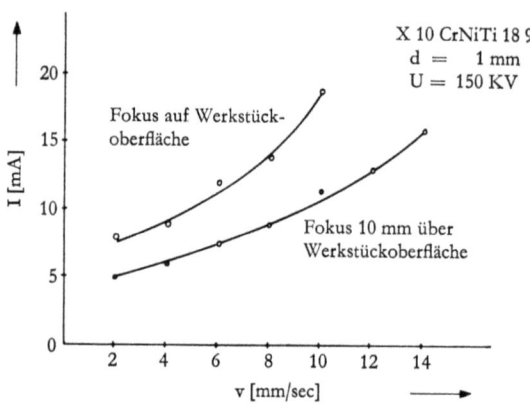

Mindestenergie für die angegebenen Blechstärken und unter den angegebenen Bedingungen erforderlich ist, um reproduzierbare Trennschnitte zu erhalten.
Der Strom wird mit wachsender Vorschubgeschwindigkeit größer, jedoch erfolgt auch sein Anstieg aus dem vorher erwähnten Grunde nicht linear, wie Diagr. 6 und 7 zeigt.

6.4. Einfluß von Strom und Geschwindigkeit auf die Beschaffenheit des Trennschnittes

Auf das Aussehen eines Trennschnittes hat die Stärke des Strahlstromes und die Höhe der Vorschubgeschwindigkeit einen großen Einfluß.
Die Abb. 5 zeigt einen Trennschnitt an einem 1 mm dicken Blech bei einer Geschwindigkeit von 2 mm/sec.
Die Bleche sind glatt durchtrennt. Die oberen Kanten sind leicht abgerundet, an den unteren Kanten zeigt sich ein leichter Bart. An den inneren Rändern ist eine dünnere Schicht, etwa 0,2 mm dick, flüssigen Materials haftengeblieben. Läßt man die niedrige Geschwindigkeit bestehen und erhöht den Strahlstrom, so werden die Kanten noch glatter.
Bei hoher Geschwindigkeit und minimal erforderlicher Stromstärke sind die Energieverluste zwar geringer, das Aussehen der Naht jedoch verschlechtert sich. Die Trennfuge wird in ihrer lichten Weite zwar schmaler, aber die Schnittflächen werden rund. Schnitte dieser Art treten nur bei Blechdicken bis 2 mm auf, da bei dickeren Blechen die Geschwindigkeiten, wegen der begrenzten Leistung der Maschine, nur noch sehr klein sind, um die erforderliche Energie pro Nahtlängeneinheit zu erreichen.
Die Abb. 6 zeigt einen Trennschnitt der mit hoher Geschwindigkeit hergestellt wurde. In der Trennfuge ist sehr viel aufgeschmolzenes Material zurückgeblieben. Die lichte Weite der Fuge beträgt etwa 0,3 mm, die durch den Elektronenstrahl aufgeschmolzene Zone jedoch ist 1,2 mm breit.

Die Abb. 7 zeigt einen Trennschnitt an einem 4 mm dicken Blech. Die Trennfuge ist glatt und scharfkantig. Die Schnittflächen sind annähernd parallel. An der Unterkante ist ein Bart angespült. Dieser Bart ließ sich bei keinem Trennschnitt vermeiden. Er nimmt mit wachsender Blechdicke zu.

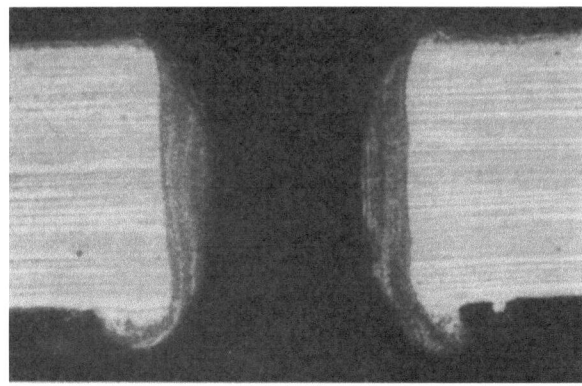

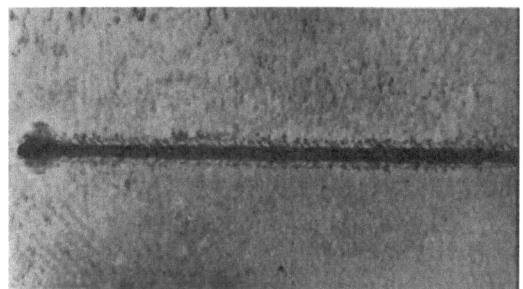

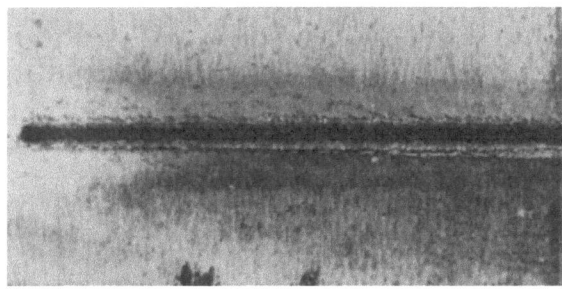

Abb. 5 $I = 8$ mA, $U = 150$ kV, $v = 2$ mm/sec
  Fokus auf Blechoberfläche, Blechdicke 1 mm
  Werkstoff: X 10 CrNiTi 18 9
  a) Schnitt V = 30×
  b) Oberseite V = 3×
  c) Unterseite V = 3×

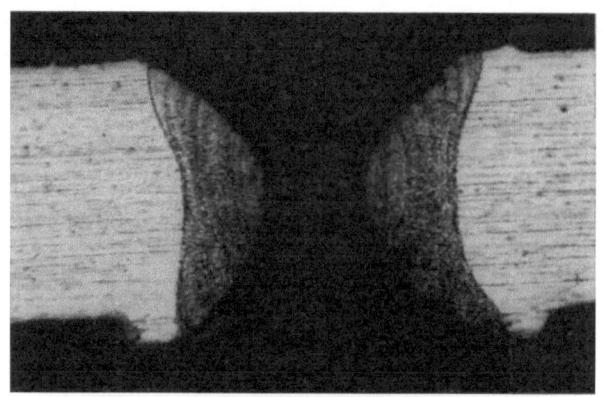
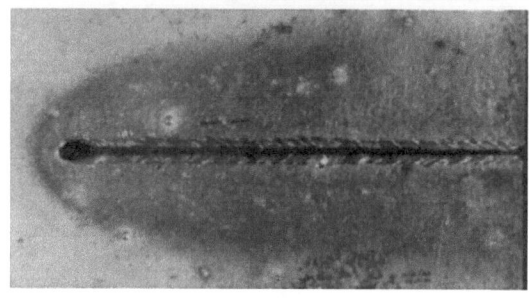

Abb. 6 $I = 12$ mA, $U = 150$ kV, $v = 10$ mm/sec
Fokus 10 mm über Blechoberfläche, Blechdicke 1 mm
Werkstoff: X 10 CrNiTi 18 9
a) Schnitt V = 30×
b) Oberseite V = 3×

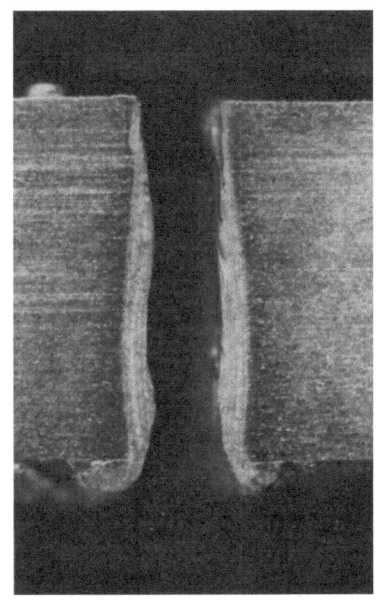

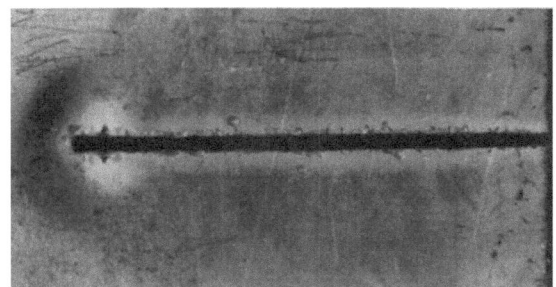

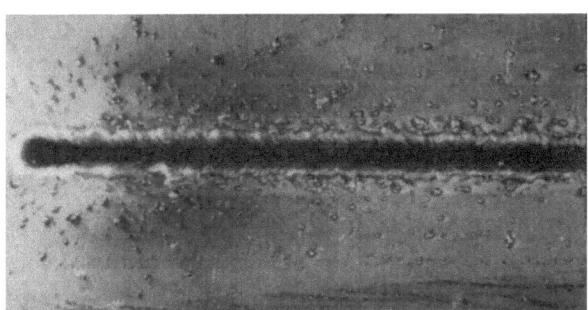

Abb. 7 $I = 14$ mA, $U = 150$ kV, $v = 1$ mm/sec
Fokus 10 mm über Blechoberfläche, Blechdicke 4 mm
Werkstoff: X 10 CrNiTi 18 9
  a) Schnitt $V = 12\times$
  b) Oberseite $V = 3\times$
  c) Unterseite $V = 3\times$

6.5. Einfluß der Fokushöhe

Nach Angaben von K. H. STEIGERWALD und W. OPITZ [11] wurden optimale Ergebnisse bei Trennversuchen erzielt, wenn der Brennpunkt des Strahles 10 mm über der Werkstückoberfläche lag. Bei den Versuchen zeigte es sich, daß sich Bleche bis 1 mm Dicke mit einem auf der Werkstückoberfläche fokussierten Strahl durchtrennen ließen. Schon bei 2-mm-Blechen jedoch reichte die Energie nicht mehr aus, es erfolgte keine Durchtrennung mehr. Aus diesem Grunde wurde der Brennpunkt des Strahles bis 20 mm über oder unter die Werkstückoberfläche verlegt und Trennversuche durchgeführt. Die Versuche ergaben, daß in jedem Falle der Betrag der Energie pro Millimeter Trennfugenlänge geringer war, wenn der Strahl nicht auf der Höhe der Werkstückoberfläche fokussiert war. Bei 1-mm-Blechen wurden die besten Ergebnisse gefunden, wenn der Strahl entweder 10 mm über, oder 10–20 mm unter der Werkstückoberfläche fokussiert war. Bei dickeren Blechen lagen die optimalen Ergebnisse bei einer Fokushöhe 10 mm oberhalb der Werkstückoberfläche.
Bei Versuchen an 1-mm-Blechen konnte, abgesehen von einem etwas geringeren Energiebedarf, kein Unterschied zwischen Trennschnitten mit Fokushöhe auf der Werkstückoberfläche bzw. Fokushöhe 10 mm darüber gefunden werden (Diagr. 5 und 7).
Der scharf gebündelte auf der Werkstückoberfläche fokussierte Strahl durchdringt den Werkstoff besser als ein leichtdefokussierter Strahl. Er schleudert aber so wenig flüssiges Material aus der Trennfuge heraus, daß genug übrigbleibt, um diese wieder zu schließen. Ein oberhalb der Werkstückoberfläche fokussierter, also auf der Werkstückoberfläche defokussierter Strahl erschmilzt eine breitere Zone und schleudert mehr Material heraus, so daß ein Zusammenlaufen der flüssigen Reste vermieden wird.
Die Abb. 8 zeigt einen Trennschnitt an einem 1-mm-Blech. Gegenüber der Probe auf Abb. 3 wurde der Brennpunkt 10 mm über die Werkstückoberfläche gelegt, während die Geschwindigkeit beibehalten wurde. Der Schnitt erforderte 37,5% weniger Energie als der in Abb. 3 gezeigte. Es hat sich jedoch mehr flüssiges Material an den Schnittflächen gehalten.

6.6. Einfluß von Impulsfrequenz und Impulsbreite

Es wurden Impulsfrequenz und Impulsbreite variiert. Ein Einfluß der Impulsfrequenz auf die Schnittfugenbeschaffenheit ließ sich nicht nachweisen. Die Impulsbreite wurde zweckmäßigerweise so gewählt, daß sich ein Tastverhältnis von 1:2 ergab. Das heißt, die Impulsbreite betrug den halben Betrag der Periodenlänge, z. B. bei 1000 Hz 0,5 Millisekunden.

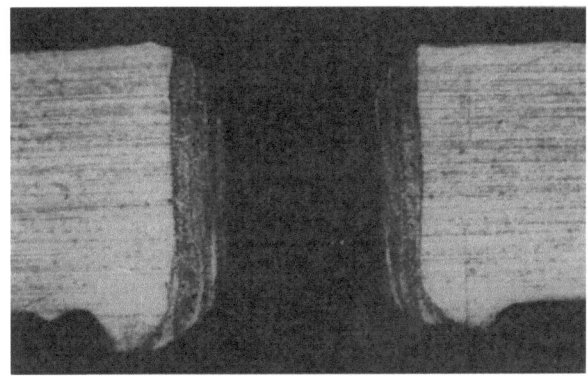

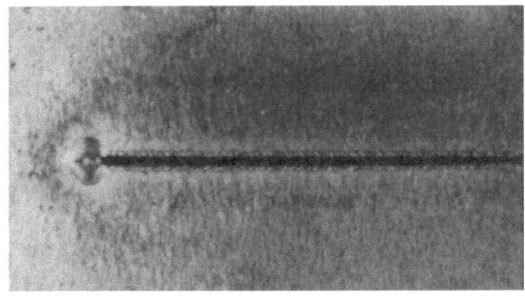

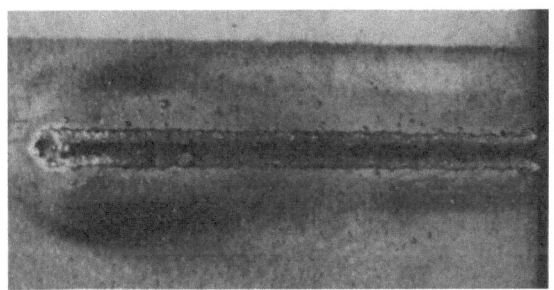

Abb. 8 $I = 5$ mA, $U = 150$ kV, $v = 2$ mm/sec
Fokus 10 mm über Blechoberfläche, Blechdicke 1 mm
Werkstoff: X 10 CrNiTi 18 9
a) Schnitt V = 30×
b) Oberseite V = 3×
c) Unterseite V = 3×

6.7. Einfluß der Pendelung

Das Schweißgerät ES 1002 gestattet ein Oszillieren des Strahles längs und quer zur Schneidrichtung mit einer Frequenz von 50 Hz. Wie in 6.5. dargelegt wurde, ist es erstrebenswert, das Schmelzbad nicht zu schmal zu wählen. Es wurde versucht, durch ein Oszillieren (Pendeln) des Strahles quer zur Schneidrichtung das Bad zu verbreitern. Die Versuche zeigten keine befriedigenden Ergebnisse. Die Schnittflächen waren sehr rauh und der Energiebedarf wesentlich höher als beim Schneiden ohne Pendelung.
Einen Trennschnitt mit Längspendelung zeigt Abb. 9 an einem 2-mm-Blech. Augenfällig ist die scharfe Oberkante der Schnittfuge. Der Bart an den Unterkanten ist nach wie vor vorhanden. Die Abb. 10 und 11 zeigen Trennschnitte an 11,5 mm dickem Material. Man erkennt auch hier die glättende Wirkung der Längspendelung in Abb. 10. Der Energiebedarf der Schnitte mit Pendelung ist 30-50% höher als ohne Pendelung. Im Falle der Probe Abb. 10 hat sie nicht mehr ausgereicht, um alles flüssige Material aus der Schnittfuge zu schleudern.
Die günstigsten Ergebnisse auf die Oberfläche der Schnittfuge zeigten Pendelstrecken von 1 bis 2 mm Länge.

6.8. Tiefe der wärmebeeinflußten Zone an den Schnittkanten

Ein Schliff quer zur Schnittfuge zeigt drei Gefügearten

1. Material, das verflüssigt worden war
2. Wärmebeeinflußtes Gefüge
3. Unbeeinflußter Grundwerkstoff

Je nach Einstellung der Schneiddaten bleibt mehr oder weniger aufgeschmolzener Werkstoff an den Schnittkanten zurück. Die daran anschließende Zone wärmebeeinflußten Gefüges ist an der Blechoberfläche so schmal, daß sich das unbeeinflußte Grundgefüge fast übergangslos anschließt. Nach unten wird die wärmebeeinflußte Zone etwas breiter, da wegen des nach unten strömenden Werkstoffes dort das Wärmeangebot größer ist.
Die aufgeschmolzenen dünnen Randzonen zeigen gelegentlich Risse. Sie werden nur bei dicken Blechen in der unteren Hälfte der Trennfuge gefunden. Hier handelt es sich um angespültes Material, was sich mit dem schon wieder erstarrten Werkstoff nicht mehr verbunden hat.

6.9. Form der Trennfuge und Qualität der Schnittflächen

Der Einfluß des Strahlstromes und der Vorschubgeschwindigkeit auf die Form der Trennfuge wurde schon in 6.4. erwähnt. Es ist in keinem Versuch gelungen, Trennfugen mit glatten, parallelen Schnittflächen herzustellen. Bei dünnen Blechen zog sich immer ein Rest flüssigen Materials in der Mitte zusammen und gab den Schnittflächen ein rundes Aussehen. Bei dickeren Blechen, ab 2 mm, wurden die Schnittflächen gerader, die Fugen verbreitern sich aber nach unten.

Die Schnittflächen weisen in Richtung des Strahldurchganges verlaufende, unregelmäßige verschmolzene Rillen auf. Sie ließen sich auch durch Pendeln des Strahles weder vermeiden noch verringern.

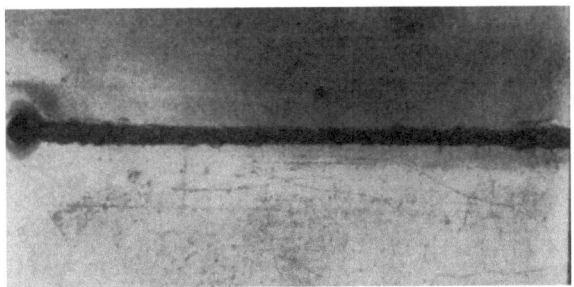

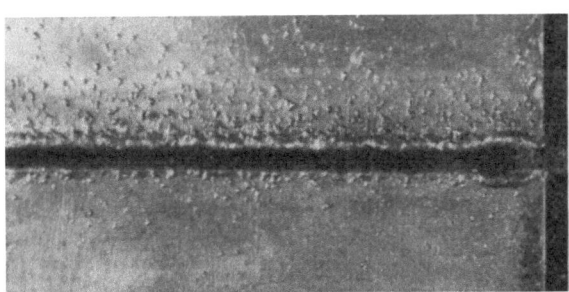

Abb. 9 $I = 12$ mA, $U = 150$ kV, $v = 0,45$ mm/sec
Fokus 10 mm über Blechoberfläche, Blechdicke 2 mm
Werkstoff: X 10 CrNiTi 18 9, Längspendelung 2 mm
a) Schnitt $V = 10\times$
b) Oberseite $V = 3\times$
c) Unterseite $V = 3\times$

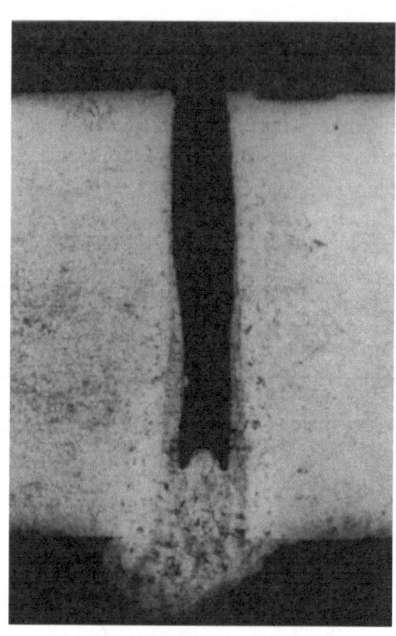

Abb. 10 $I = 20$ mA, $U = 150$ kV, $v = 0,45$ mm/sec
Fokus 10 mm über Blechoberfläche, Blechdicke 11,5 mm
Werkstoff: X 10 CrNiTi 18 9, Längspendelung 2 mm
a) Schnitt V = 5×
b) Oberseite V = 3×

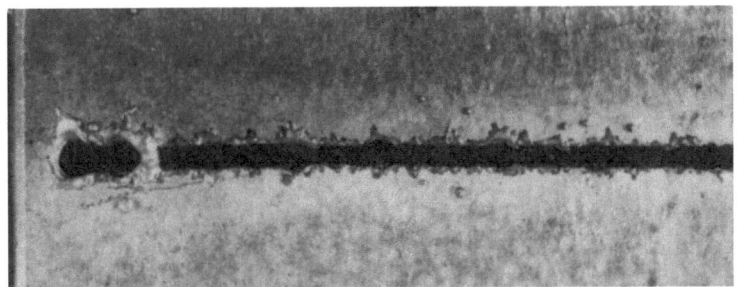

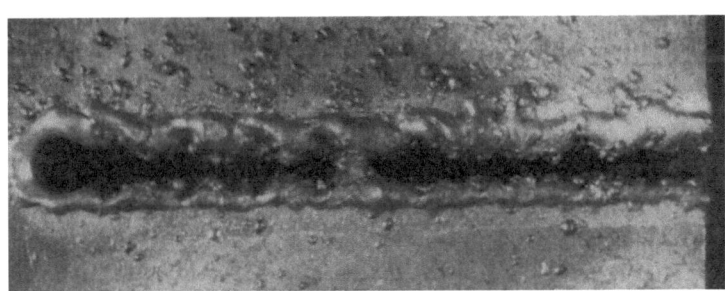

Abb. 11 $I = 20$ mA, $U = 150$ kV, $v = 0,5$ mm/sec
Fokus 10 mm über Blechoberfläche, Blechdicke 11,5 mm
Werkstoff: X 10 CrNiTi 18 9
a) Schnitt V = 5×
b) Oberseite V = 3×
c) Unterseite V = 3×

Messungen der Rauhtiefe ergaben folgende Werte

Blechdicke in mm	Rauhtiefe in mm	
	Blechoberkante	Unterkante
1	0,1	0,1
2	0,2	0,2
3	0,2	0,3–0,4
4	0,2	0,3–0,4
6	0,3	0,3–0,4
11,5	0,2	0,5–0,6

Man sieht, die Rauhtiefe wächst mit größer werdender Blechdicke. In der Schnittfläche vergrößert sie sich nach unten. Die Abb. 14–17 zeigen die Aufnahmen einiger Schnittflächen.

6.10. Leistungsbedarf in Abhängigkeit von der Blechdicke

Das Diagr. 8 zeigt die benötigte Leistung in Abhängigkeit von der Blechdicke. Die Geschwindigkeit wurde mit 1 mm und 0,45 mm pro Sekunde konstant gehalten, die Spannung betrug 150 kV. Die Leistung steigt linear mit der Blechdicke an. Bei 8 mm Blechdicke und 1 mm/sec Vorschubgeschwindigkeit ist die

Diagr. 8

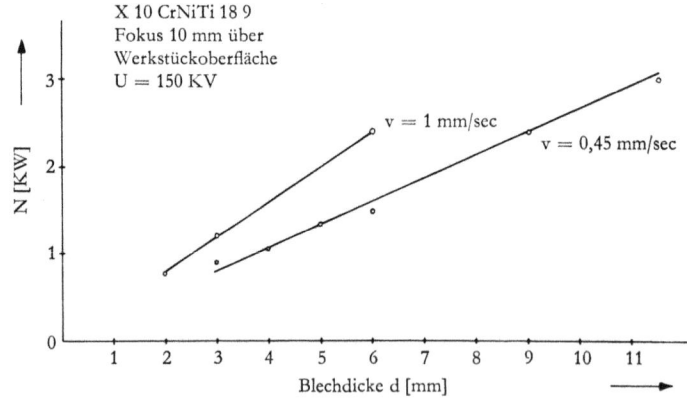

maximale Leistung der Maschine von 3 kW erreicht. Sollen noch größere Blechdicken geschnitten werden, muß die Schneidgeschwindigkeit weiter erniedrigt werden.

Abb. 12　V = 200×　Werkstoff: X 10 CrNiTi 18 9

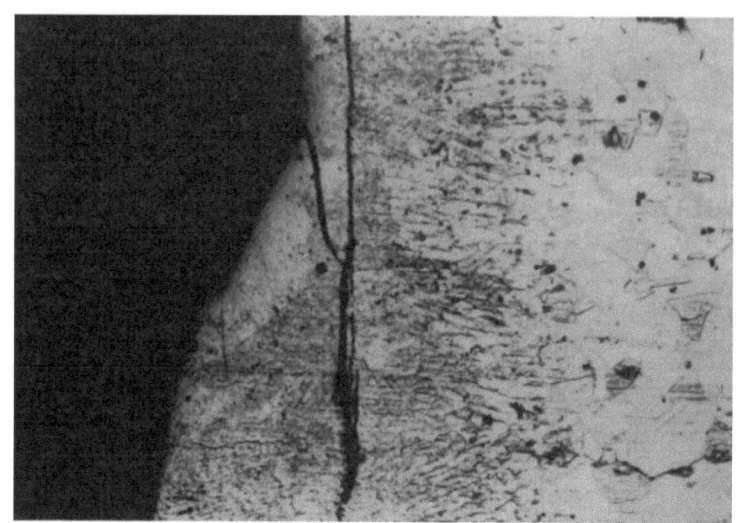

Abb. 13 V = 200×
Werkstoff: X 10 CrNiTi 18 9

Abb. 14 Blechdicke 11,5 mm, V = 5×
Werkstoff: X 10 CrNiTi 18 9

Abb. 15 Blechdicke 4 mm, V = 5×
         Werkstoff: X 10 CrNiTi 18 9

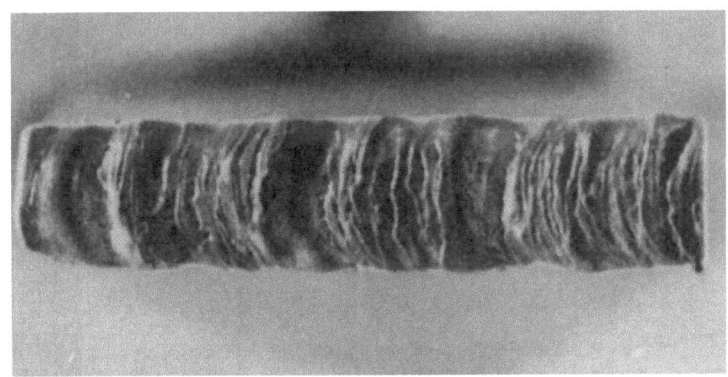

Abb. 16 Blechdicke 2 mm, V = 10×
         Werkstoff: X 10 CrNiTi 18 9

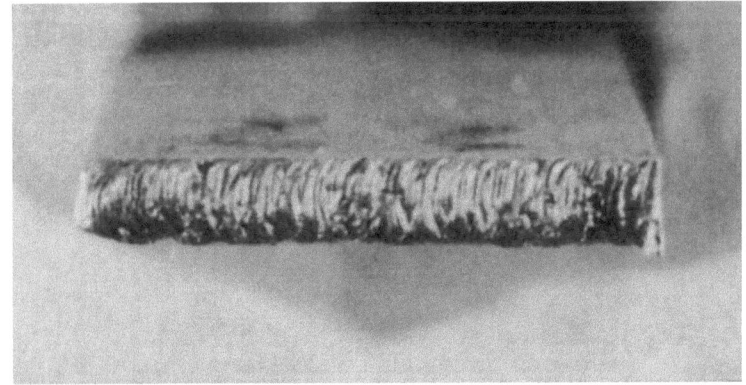

Abb. 17 Blechdicke 1 mm, V = 10×
         Werkstoff: X 10 CrNiTi 18 9

6.11. Schneiden von Inconel

Inconel gleicht in seinen physikalischen Eigenschaften sehr den austenitischen Cr—Ni-Stählen. Die Abweichungen der Schmelztemperatur, spezifischer Wärme und Wärmeleitfähigkeit sind unbedeutend. Das läßt vermuten, daß auch die Schneiddaten nicht sehr voneinander abweichen. Wie Diagr. 9 zeigt, ist das der Fall. Das in den vorangehenden Kapiteln über das Schneiden von austenitischen 18/8-Cr—Ni-Stählen gesagte gilt sinngemäß auch für Inconel.

Diagr. 9

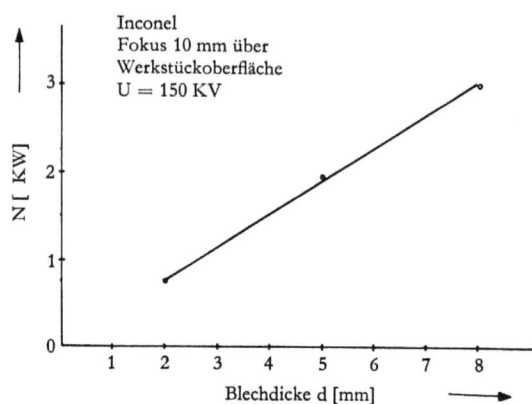

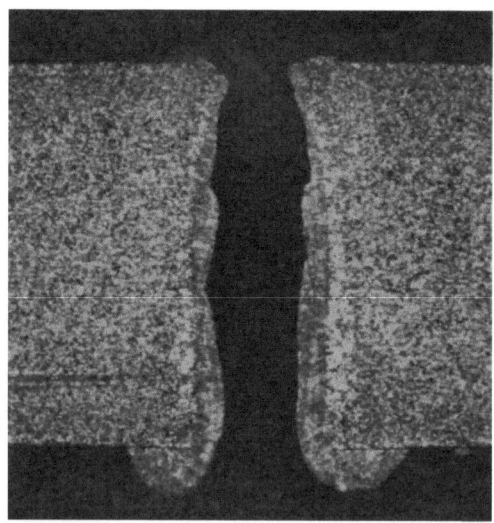

Abb. 18 Blechdicke 5 mm, $V = 10\times$
Werkstoff: Inconel

6.12. Verschweißen von elektronenstrahlgeschnittenen Blechen

Wie schon vorher an anderer Stelle gesagt, werden die Bleche beim Elektronenstrahlschweißen im *I*-Stoß verbunden. Wegen des geringen Strahldurchmessers im Brennfleck von 0,1 bis 0,2 mm müssen die Stoßkanten ohne Fuge satt aneinanderliegen, da sonst der Strahl wirkungslos durch die Fuge hindurchschießt. Da jedoch elektronenstrahlgeschnittene Bleche in der Trennfuge Rauhigkeiten zwischen 0,1–0,5 mm haben und zudem die Schnittflächen auch nicht parallel liegen, da die Trennfugen sich nach unten verbreitern, ist das Elektronenstrahltrennverfahren als Nahtvorbereitung für das Elektronenstrahlschweißverfahren nicht geeignet.

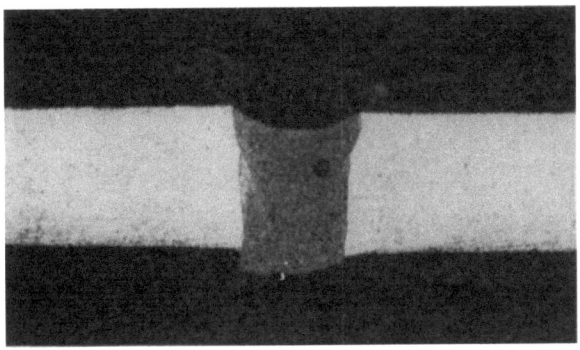

Abb. 19 $I = 3,5$ mA, $U = 120$ kV, $v = 5$ mm/sec
Querpendelung 1 mm, Blechdicke 1 mm
Werkstoff: X 10 CrNiTi 18 9, V = 10×

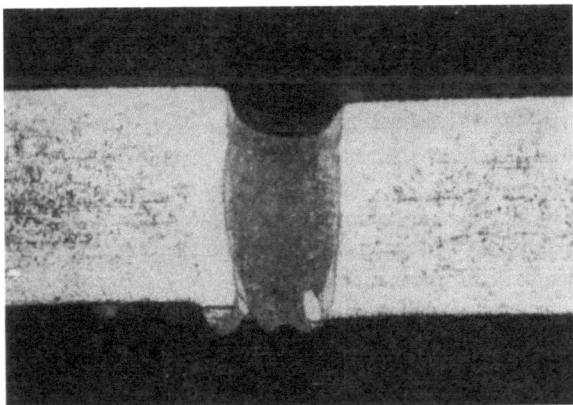

Abb. 20 $I = 4$ mA, $U = 120$ kV, $v = 5$ mm/sec
Querpendelung 1 mm, Blechdicke 3 mm
Werkstoff: X 10 CrNiTi 18 9, V = 10×

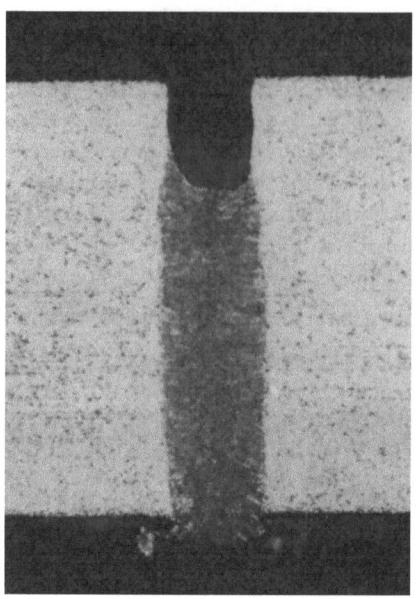

Abb. 21 $I = 7$ mA, $U = 120$ kV, $v = 5$ mm/sec
Querpendelung 1,2 mm, Blechdicke 6 mm
Werkstoff: X 10 CrNiTi 18 9, $V = 10\times$

Es wurde versucht, mit dem Elektronenstrahl geschnittene Bleche durch eine Stumpfnaht wieder zu verbinden. Eine Schweißung konnte nur erreicht werden, wenn man den Elektronenstrahl bei nicht zu hoher Schweißgeschwindigkeit 1–2 mm quer zur Schweißrichtung pendelte.
Die Abb. 19–21 zeigen derartig geschweißte Nähte.
Wegen der Lücken in den Stoßfugen ist in allen Fällen die Schweißnaht an der Oberseite tief eingefallen. Die Einkerbung nimmt mit wachsender Blechdicke zu.
Auf diese Art vorbereitete Schweißkanten können nur unter Zusatz eines Füllmaterials verschweißt werden.
Die Abb. 22 zeigt eine Naht mit Zusatzmaterial. Der Zusatzwerkstoff wurde in Form eines schmalen Blechstreifens von $0,5\times 5$ mm Querschnitt zwischen die Blechkanten geklemmt. Um die Blechkanten sicher aufzuschmelzen, wurde der Strahl 1 mm quer zur Schweißrichtung gependelt. Daraus erklärt sich auch der breite Nahtquerschnitt. Wie es bei quergependelten Nähten immer der Fall ist, hängt auch hier die Naht etwas durch.
An der Nahtwurzel hat das Material eine Kaltauflage gebildet, die teils aus dem angespülten Bart vom Schneiden, teils vom Zusatzwerkstoff herstammt.
In Abb. 23 wurde der Querschnitt des Zusatzwerkstoffes auf $0,5\times 4,5$ reduziert und die Bleche zum Schweißen umgedreht, so daß die Schneidkantenunterseite jetzt Nahtoberseite wurde. So wurde erreicht, daß der beim Schneiden angespülte Bart mit Sicherheit aufgeschmolzen wurde. Die Querpendelung wurde auf 1,5 mm verbreitert.

In Abb. 24 wurde der Zusatzwerkstoff auf einen Querschnitt von 0,5×4 mm reduziert und die Pendelbreite auf 2 mm erhöht. Entsprechend der größeren Pendelung hängt das Bad stärker durch. Die Nahtwurzel ist einwandfrei.

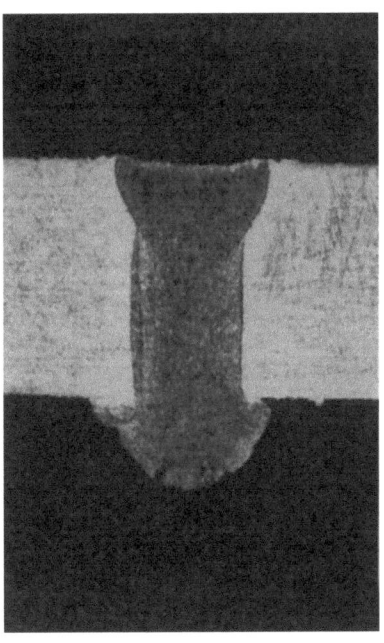

Abb. 22 $I = 6$ mA, $U = 110$ kV, V = 3 mm/sec
Querpendelung 1 mm, Blechdicke 3 mm
Werkstoff: X 10 CrNiTi 18 9, V = 10×

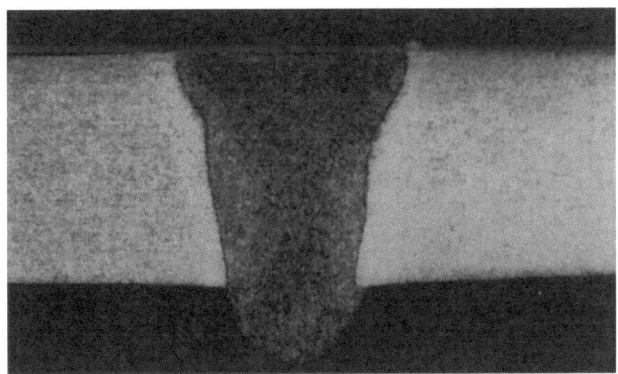

Abb. 23 $I = 6$ mA, $U = 110$ kV, $v = 3$ mm/sec
Querpendelung 1,5 mm, Blechdicke 3 mm
Werkstoff: X 10 CrNiTi 18 9, V = 10×

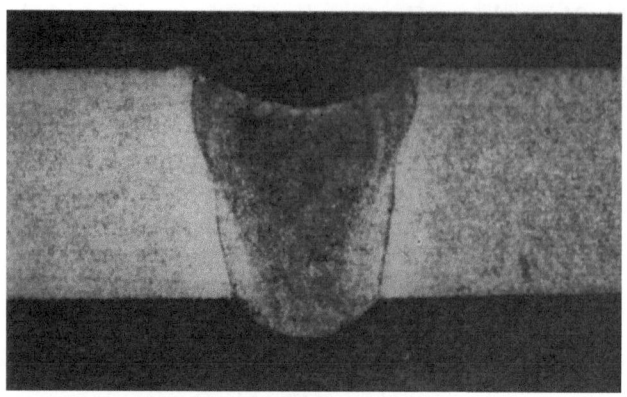

Abb. 24 $I = 6$ mA, $U = 110$ kV, $v = 3$ mm/sec
Querpendelung 2 mm, Blechdicke 3 mm
Werkstoff: X 10 CrNiTi 18 9, $V = 10\times$

7. Zusammenfassung

An Blechen aus 18/8-Cr—Ni-Stahl und Inconel wurden Schneidversuche durchgeführt. Der Einfluß von Strom, Spannung, Schneidgeschwindigkeit und Lage des Brennpunktes auf das Schneidergebnis wurde untersucht. Der Leistungsbedarf bei verschiedenen Blechdicken wurde bestimmt. Elektronenstrahlgeschnittene Bleche wurden mit dem Elektronenstrahl ohne und mit Zusatzwerkstoff wieder verschweißt.

8. Literaturverzeichnis

[1] Panzer, S., und K.-H. Steigerwald, Elektronenstrahl als Werkzeug. Elektrotechnische Zeitschrift, Ausgabe A, 81. Jg., H. 26.
[2] Gross, F., Elektronenstrahlschweißen als Hilfsmittel der Forschung und Entwicklung. BBC Nachrichten, Sept. 1964.
[3] Rexer, Göbel, Heinze und Schlaubitz, 2. Internationales Kolloquium, Weimar.
[4] Stohr, J. A., und J. Briola, Vakuum Welding of Metals. Welding and Met. Fabr. 26 (1958), H. 10.
[5] Bas, E., und G. Cremosnik, Schweißen im Hochvakuum mit Elektronenstrahlen. Vakuum-Technik 8, 1959, H. 7.
[6] Meier, J. W., Recent Advances in Elektron Beam Welding Technology. Welding Journal, December 1963.
[7] Bakish, R., und S. S. White, Handbook of Elektron Beam Welding.
[8] Steigerwald, K.-H., Ein neuartiges Strahlerzeugungssystem für Elektronenmikroskope. Optik 5 (1949), H. 8/9.
[9] Steigerwald, K. H., Materialbearbeitung mit Elektronenstrahlen, Eigenschaften und Anwendungen. Schweißen und Schneiden 12, 60, H. 3.
[10] Kluger, H., und W. Dietrich, Elektronenstrahlschweißen an freier Atmosphäre. Schweißen und Schneiden 12, 64, H. 10.
[11] Opitz, W., und K. H. Steigerwald, Trennen mit Elektronenstrahlen. Schweißen und Schneiden 13, 61, H. 9.
[12] DEW, Remanit-Stähle, rost- und säurebeständig.
[13] Eigenschaften und Anwendungsgebiete korrosionsbeständiger Nickellegierungen. Henry Wiggin u. Company Ltd.
[14] Nickel und nickelreiche Legierungen für Druckbehälter. Nickelberichte 16 (1958), H. 2.

FORSCHUNGSBERICHTE DES LANDES NORDRHEIN-WESTFALEN

Herausgegeben im Auftrage des Ministerpräsidenten Dr. Franz Meyers von Staatssekretär Prof. Dr. h. c. Dr.-Ing. E. h. Leo Brandt

FERTIGUNG

HEFT 11
Laboratorium für Werkzeugmaschinen und Betriebslehre der Rhein.-Westf. Technischen Hochschule Aachen
Untersuchungen über Metallbearbeitung im Fräsvorgang mit Hartmetallwerkzeugen und negativem Spanwinkel. S. 6–24
Weiterentwicklung des Schleifverfahrens für die Herstellung von Präzisionswerkstücken unter Vermeidung hoher Temperaturen. S. 25–47
Untersuchung von Oberflächenveredlungsverfahren zur Steigerung der Belastbarkeit hochbeanspruchter Bauteile. S. 48–68
1952. 71 Seiten, 61 Abb. DM 15,75

HEFT 47
Prof. Dr.-Ing. habil. Karl Krekeler, Aachen
Versuche über die Anwendung der induktiven Erwärmung zum Sintern von hochschmelzenden Metallen sowie zur Anlegierung und Vergütung von aufgespritzten Metallschichten mit dem Grundwerkstoff
1953. 56 Seiten, 39 Abb., 11 Tabellen. DM 13,90

HEFT 53
Prof. Dr.-Ing. Herwart Opitz, Aachen
Reibwert und Verschleißmessungen an Kunststoffgleitführungen für Werkzeugmaschinen
1954. 38 Seiten, 18 Abb. Vergriffen

HEFT 66
Dr.-Ing. Peter Füsgen VDI, Düsseldorf
Untersuchungen über das Auftreten des Ratterns bei selbsthemmenden Schneckengetrieben und seine Verhütung
1954. 22 Seiten, 5 Abb. DM 6,60

HEFT 86
Prof. Dr.-Ing. Herwart Opitz, Aachen
Untersuchungen über das Fräsen von Baustahl sowie über den Einfluß des Gefüges auf die Zerspanbarkeit
1954. 95 Seiten, 73 Abb., 7 Tabellen. DM 22,—

HEFT 99
Prof. Dr. G. Garbotz, Aachen
Der Kraft- und Arbeitsaufwand sowie die Leistungen beim Biegen von Bewehrungsstählen in Abhängigkeit von den Abmessungen, den Formen und der Güte der Stähle (Ermittlung von Leistungsrichtlinien)
1955. 122 Seiten, 53 Abb., 3 Anlagen, 18 Tabellen. DM 30,—

HEFT 101
Prof. Dr.-Ing. Herwart Opitz, Aachen
Wirtschaftlichkeitsbetrachtungen beim Außenrundschleifen
1954. 86 Seiten, 5 Abb., 3 Tabellen. DM 19,30

HEFT 112
Prof. Dr.-Ing. Herwart Opitz, Aachen
Verschleißmessungen beim Drehen mit aktivierten Hartmetallwerkzeugen
1954. 29 Seiten, 17 Abb., 6 Tabellen DM 8,80

HEFT 135
Prof. Dr.-Ing. habil. Karl Krekeler und Dr-Ing. Heinz Peukert, Institut für Kunststoffverarbeitung in Industrie und Handwerk an der Rhein.-Westf. Technischen Hochschule Aachen
Die Änderung der mechanischen Eigenschaften thermoplastischer Kunststoffe durch Warmrecken
1955. 37 Seiten, 27 Abb. DM 11,10

HEFT 207
Prof. Dr.-Ing. Herwart Opitz, Dipl.-Ing. K. H. Fröhlich und Dipl.-Ing. Henning Siebel, Aachen
Richtwerte für das Fräsen von unlegierten und legierten Baustählen mit Hartmetall. I. Teil
1956. 38 Seiten, 27 Abb., 3 Tabellen. DM 11,10

HEFT 215
Prof. Dr.-Ing. Herwart Opitz und Dr.-Ing. G. Weber, Aachen
Einfluß der Wärmebehandlung von Baustählen auf Spanentstehung, Schnittkraft- und Standzeitverhalten
1956. 70 Seiten, 30 Abb., 11 Tabellen. DM 18,40

HEFT 232
Prof. Dr.-Ing. Otto Kienzle, Hannover, und Dr.-Ing. Hermann Münnich, Schweinfurt
Feststellungen der Spannungen und Dehnungen und Bruchdrehzahlen der unter Fliehkraft und Bearbeitungskraft beanspruchten Schleifkörper
1957. 122 Seiten, 67 Abb., 12 Tabellen. DM 31,35

HEFT 245
Prof. Dr.-Ing. habil. Karl Krekeler, Institut für Kunststoffverarbeitung in Industrie und Handwerk an der Rhein.-Westf. Technischen Hochschule Aachen
Das Verbinden von Metallen durch Kunstharzkleber. Teil I: Eigenschaften und Verwendung der Metallklebstoffe
1956. 38 Seiten, 8 Abb. Vergriffen

HEFT 246
Prof. Dr.-Ing. habil. Karl Krekeler, Institut für Kunststoffverarbeitung in Industrie und Handwerk an der Rhein.-Westf. Technischen Hochschule Aachen
Das Verbinden von Metallen durch Kunstharzkleber. Teil II: Untersuchungen an geklebten Leichtmetall-Verbindungen
1957. 70 Seiten, 40 Abb. DM 17,50

HEFT 262
Dr.-Ing. Wilhelm Batel, Aachen
Untersuchungen zur Absiebung feuchter, feinkörniger Haufwerke und Schwingsieben
1956. 79 Seiten, 45 Abb., 22 Diagramme, 5 Tabellen. DM 23,40

HEFT 271
Prof. Dr.-Ing. Herwart Opitz und Dipl.-Ing. Heinrich Axer, Aachen
Beeinflussung des Verschleißverhaltens bei spanenden Werkzeugen durch flüssige und gasförmige Kühlmittel und elektrische Maßnahmen
1956. 34 Seiten, 28 Abb. DM 10,70

HEFT 284
Prof. Dr. phil. Franz Wever, Dr.-Ing. Hans-Joachim Wiester, Dr.-Ing. Friedrich-Werner Straßburg, Prof. Dr.-Ing. Herwart Opitz und Dr.-Ing. Karl-Heinrich Fröhlich, Max-Planck-Institut für Eisenforschung, Düsseldorf
Einfluß des Gefüges auf die Zerspanbarkeit von Einsatz und Vergütungsstählen
1957. 77 Seiten, 126 Abb., 11 Tabellen. DM 22,45

HEFT 287
Prof. Dr.-Ing. habil. Karl Krekeler, Institut für Kunststoffverarbeitung in Industrie und Handwerk an der Rhein.-Westf. Technischen Hochschule Aachen
Änderungen der mechanischen Eigenschaftswerte thermoplastischer Kunststoffe bei Beanspruchung in verschiedenen Medien
1956. 49 Seiten, 23 Abb., 5 Tabellen. DM 13,70

HEFT 288
Dr. phil. Kurt Brücker-Steinkuhl, Düsseldorf
Anwendung mathematisch-statischer Verfahren in der Industrie
1956. 103 Seiten, 28 Abb., 14 Tabellen. Vergriffen

HEFT 295
Prof. Dr.-Ing. Herwart Opitz und Dipl.-Ing. Heinrich Axer, Laboratorium für Werkzeugmaschinen und Betriebslehre der Rhein.-Westf. Technischen Hochschule Aachen
Untersuchung und Weiterentwicklung neuartiger elektrischer Bearbeitungsverfahren
1956. 31 Seiten, 27 Abb. DM 10,30

HEFT 296
Prof. Dr.-Ing. Herwart Opitz, Aachen
I. Untersuchungen an elektronischen Regelantrieben
II. Statische Untersuchungen zur Ausnutzung von Drehbänken
1956. 33 Seiten, 18 Abb. DM 10,40

HEFT 304
Prof. Dr.-Ing. habil. Karl Krekeler und Dipl.-Ing. August Kleine-Albers, Aachen
Beitrag zur thermoelastischen Warmformbarkeit von hartem Polyvinylchlorid (Hart-PVC)
1956. 63 Seiten, 29 Abb. DM 17,70

HEFT 320
Dipl.-Phys. Dr. rer. nat. Hans-Eberhard Caspary, Physikalisches Institut der Universität Köln
Verwendung von Szintillationszählern an Stelle von Zählrohren zur zerstörungsfreien Materialprüfung
1956. 30 Seiten, 13 Abb., 2 Tabellen. DM 10,10

HEFT 324
Prof. Dr.-Ing. Herwart Opitz, Priv.-Doz. Dr.-Ing. Ernst Saljé und Dipl.-Ing. Karl-Eugen Schwartz, Laboratorium für Werkzeugmaschinen und Betriebslehre der Rhein.-Westf. Technischen Hochschule Aachen
Richtwerte für das Außenrund-Längs- und Einstechschleifen
1956. 50 Seiten, 44 Abb., 2 Tabellen. DM 13,85

HEFT 327
Prof. Dr.-Ing. habil. Karl Krekeler und Dr.-Ing. Heinz Peukert, Institut für Kunststoffverarbeitung in Industrie und Handwerk an der Rhein.-Westf. Technischen Hochschule Aachen
Beitrag zur thermoelastischen Formbarkeit von Polyäthylen
1956. 44 Seiten, 49 Abb., 9 Tabellen. DM 12,80

HEFT 350
Prof. Dr.-Ing. habil. Karl Krekeler und Dr.-Ing. Heinz Peukert, Institut für Kunststoffverarbeitung in Industrie und Handwerk an der Rhein.-Westf. Technischen Hochschule Aachen
Das Spannungsverhalten der Kunststoffe bei der Verarbeitung
1958. 24 Seiten, 112 Abb. DM 20,—

HEFT 351
Prof. Dr.-Ing. Herwart Opitz, Dipl.-Ing. Heinrich Axer und Dipl.-Ing. Helmut Rhode, Aachen
Zerspanbarkeit hochwarmfester und nichtrostender Stähle. Teil I
1957. 85 Seiten, 73 Abb., 2 Tabellen. DM 21,80

HEFT 385
Prof. Dr.-Ing. Herwart Opitz, Dr.-Ing. Heinrich Axer und Dipl.-Ing. Heinrich Rohde, Aachen
Zerspanbarkeit hochwarmfester und nichtrostender Stähle. Teil II
1957. 73 Seiten, 54 Abb., 5 Tabellen. DM 19,30

HEFT 386
Prof. Dr.-Ing. Herwart Opitz und Dipl.-Ing. Oskar Hake, Aachen
Standzeituntersuchungen und Verschleißmessungen mit radioaktiven Isotopen
1958. 36 Seiten, 33 Abb., 3 Tabellen. DM 12,75

HEFT 395
Dipl.-Ing. Ludwig Hahn, Clausthal-Zellerfeld
Untersuchungen zur Frage des optimalen Bohrloch- und Patronendurchmessers
1957. 119 Seiten, 49 Abb., 19 Tabellen. DM 31,25

HEFT 405
Prof. Dr.-Ing. Herwart Opitz und Dipl.-Ing. Hermann Schuler, Aachen
Untersuchungen für einen Wirtschaftlichkeitsvergleich der Feinbearbeitungsverfahren
1958. 58 Seiten, 43 Abb. DM 17,90

HEFT 406
Werner Kirsch, Leverkusen
Entwicklungsarbeiten auf dem Gebiete des Korrosionsschutzes und der Abdichtung
1957. 76 Seiten, 28 Abb., 11 Tabellen. DM 19,—

HEFT 408
Prof. Dr. phil. Franz Wever, Dr.-Ing. Werner Lueg und Dr.-Ing. Hans Günter Müller, Max-Planck-Institut für Eisenforschung, Düsseldorf
Kraft und Arbeitsbedarf beim Warmscheren von Stahl in Abhängigkeit von Temperatur und Schnittgeschwindigkeit
1957. 33 Seiten, 15 Abb., 3 Tabellen. DM 11,35

HEFT 413
Prof. Dr.-Ing. Herwart Opitz, Dipl.-Ing. Henning Siebel und Dipl.-Ing. Reinhard Fleck, Aachen
Richtwerte für das Fräsen von unlegierten und legierten Baustählen mit Hartmetall, Teil II
1957. 44 Seiten, 35 Abb., 4 Tabellen. DM 14,40

HEFT 426
Prof. Dr.-Ing. Herwart Opitz und Dipl.-Ing. Walter Scholz, Aachen
Untersuchungen über den Räumvorgang
1957, 64 Seiten, 36 Abb., 7 Tabellen. DM 16,55

HEFT 447
Prof. Dr.-Ing. F. Bollenrath, Aachen, Dr.-Ing. H. Füllenbach, Seesen (Harz), und Dipl.-Ing. J. Schumacher, Neubeckum (Westf.)
Entwicklung rationell arbeitender Spritzkabinen
1958. 44 Seiten, 26 Abb. Vergriffen

HEFT 465
Dr.-Ing. Richard Koch, Forschungsinstitut für Rationalisierung an der Rhein.-Westf. Technischen Hochschule Aachen
Amerikanische Fertigungsunterlagen und ihre Werkstattreifmachung für deutsche Betriebe
1958. 54 Seiten, 19 Abb. DM 17,35

HEFT 474
Dr.-Ing. Rolf Ibing und Dipl.-Ing. Günther Meier, Institut für Mechanik der Technischen Hochschule Hannover
Leiter: Prof. Dr.-Ing. Otto Flachsbart
Entwicklung und Eichung von Staubentnahmesonden
1958. 20 Seiten, 9 Abb., 2 Tabellen. DM 8,65

HEFT 511
Dipl.-Ing. Hans Wahl, Dipl.-Ing. Georg Kantenwein und Dipl.-Ing. Wilfried Schäfer
Im Auftrage des Steinkohlenbergbauvereins, Essen
Gesteinsbohr-Modellversuche zur Frage des Drehbohrens, Schlagbohrens, Drehschlagbohrens und Rollenmeißelbohrens
1958. 254 Seiten, 167 Abb. DM 52,—

HEFT 520
Prof. Dr.-Ing. Herwart Opitz, Dipl.-Ing. Hans Obrig und Dipl.-Ing. Paul Kips, Laboratorium für Werkzeugmaschinen und Betriebslehre der Rhein.-Westf. Technischen Hochschule Aachen
Untersuchung neuartiger elektrischer Bearbeitungsverfahren
1958. 44 Seiten, 35 Abb., 2 Tabellen. DM 14,70

HEFT 521
Prof. Dr.-Ing. Herwart Opitz und Dipl.-Ing. Karl-Eugen Schwartz, Laboratorium für Werkzeugmaschinen und Betriebslehre der Rhein.-Westf. Technischen Hochschule Aachen
Das Abrichten von Schleifscheiben mit Diamanten
1958. 58 Seiten, 34 Abb., 3 Tabellen. DM 17,15

HEFT 570
Prof. Dr.-Ing. habil. Karl Krekeler, Dr.-Ing. Heinz Peukert und Dipl.-Ing. Otto Schwartz, Aachen
Kerbempfindlichkeit thermoplastischer Kunststoffe abhängig von der Kerbform und der Beanspruchungstemperatur
1958. 39 Seiten, 24 Abb., 10 Tabellen. DM 13,30

HEFT 603
Prof. Dr.-Ing. Ludolf Engel und Dr.-Ing. Jochen Foerster, Bergakademie Clausthal-Zellerfeld
Gummielastische Stoffe als Dämpfungselemente an schlagenden Werkzeugen
1958. 48 Seiten, 36 Abb. DM 14,70

HEFT 605
Ing. Leonhard Bommes, Mönchengladbach
Bestimmung von Leistung und Wirkungsgrad eines Ventilators
1958. 45 Seiten, 29 Abb., 3 Tabellen. DM 12,60

HEFT 638
Prof. Dr.-Ing. Herwart Opitz, Dr.-Ing. Hermann Schuler und Dipl.-Ing. Paul-Heinz Brammertz, Verein Deutscher Ingenieure, Fachgruppe Betriebstechnik, Düsseldorf
Die Werkstückgüte beim Feindrehen und Feinschleifen und ihr Einfluß auf die Fertigungskosten
1958. 46 Seiten, 29 Abb. DM 12,80

HEFT 643
Max-Planck-Institut für Silikatforschung, Würzburg
Anisotropiemessungen an Schleifkörpern
1958. 38 Seiten, 22 Abb. DM 11,70

HEFT 664
Dr. phil. habil. Paul Hölemann und Ing. Rolf Hasselmann, Forschungsstelle für Acetylen, Düsseldorf-Reisholz
Die Bestimmung der Gasausbeute von Karbid
1958. 21 Seiten, 3 Abb., 5 Tabellen. DM 6,70

HEFT 693
Prof. Dr.-Ing. Otto Kienzle, D.-Ing. Friedrich Wilhelm Timmerbeil und Dr.-Ing. Thomas Jordan, Hannover
Einige Untersuchungen über das Schneiden von Blechen
1959. 55 Seiten, 42 Abb., 3 Tabellen. DM 17,40

HEFT 707
Prof. Dr.-Ing. habil. Karl Krekeler und Dipl.-Ing. Hans Verhoeven, Institut für Schweißtechnische Fertigungsverfahren an der Rhein.-Westf. Technischen Hochschule Aachen
Untersuchungen über Bolzenschweißverfahren
1959. 32 Seiten, 32 Abb. DM 11,—

HEFT 708
Prof. Dr.-Ing. habil. Karl Krekeler, Dr.-Ing. Heinz Peukert und Dipl.-Ing. Josef Zähren, Institut für Kohlenstoffverarbeitung an der Rhein.-Westf. Technischen Hochschule Aachen
Die Schweißbarkeit weicher Kunststoff-Schaumstoffe
1959. 33 Seiten, 28 Abb., 3 Tabellen. DM 10,90

HEFT 745
Prof. Dr.-Ing. Wilhelm Batel, Mitteilung aus dem Institut Aachen der Forschungsgesellschaft Verfahrenstechnik
Über die Zerkleinerung zwischen Mahlhilfskörpern in Schwing- und Rohrmühlen und über die Kennzeichnung und Analyse des Mahlgutes
1959. 94 Seiten. DM 27,30

HEFT 747
Dr.-Ing. Gerhard Seulen und Ing. Herbert Geisel, Verein Deutscher Ingenieure, VDI-Fachgruppe Betriebstechnik (ADB) Düsseldorf
Ermittlung der Einhärtungstiefen beim Induktionshärten mit einer Frequenz von 10 kHz
1959. 25 Seiten, 19 Abb., 2 Tabellen. DM 7,90

HEFT 764
Prof. Dr.-Ing. Herwart Opitz, Dr.-Ing. Henning Siebel und Dipl.-Ing. Reinhard Fleck, Laboratorium für Werkzeugmaschinen und Betriebslehre der Rhein.-Westf. Technischen Hochschule Aachen
Keramische Schneidstoffe
1959. 30 Seiten, 18 Abb. DM 9,80

HEFT 770
Dr.-Ing. Reinhard Bressler, Leverkusen
Untersuchung des Wärmeüberganges in einem Dünnschichtverdampfer
1960. 50 Seiten, 37 Abb. DM 15,30

HEFT 771
Dr.-Ing. Bruno Hille, Institut für Baumaschinen und Baubetrieb der Rhein.-Westf. Technischen Hochschule Aachen
Leiter: Prof. Dr. Georg Garbotz
Die Veränderungen des Kornaufbaues während des Betriebsablaufes beim Aufbereiten von bituminösem Mischgut unter besonderer Berücksichtigung des Durchganges der Körnungen durch die Trockentrommel
1959. 87 Seiten, 52 Abb., 20 Tabellen im Anhang. DM 32,60

HEFT 775
Prof. Dr.-Ing. Herwart Opitz und Dr.-Ing. Janez Peklenik, Laboratorium für Werkzeugmaschinen und Betriebslehre der Rhein.-Westf. Technischen Hochschule Aachen
Über den Aufbau und das Verhalten meßgesteuerter Werkzeugmaschinen
1959. 37 Seiten, 27 Abb. DM 11,40

HEFT 777
Prof. Dr.-Ing. Herwart Opitz und Dipl.-Ing. Paul-Heinz Brammertz, Laboratorium für Werkzeugmaschinen und Betriebslehre der Rhein.-Westf. Technischen Hochschule Aachen
Werkstückgüte und Fertigkeitskosten beim Innen-Feindrehen und Außenrund-Einstechschleifen
1959. 91 Seiten, 68 Abb. DM 25,30

HEFT 788
Prof. Dr.-Ing. Herwart Opitz, Laboratorium für Werkzeugmaschinen und Betriebslehre der Rhein.-Westf. Technischen Hochschule Aachen
Der Einsatz radioaktiver Isotope bei Zerspanungsuntersuchungen
1959. 35 Seiten, 23 Abb. DM 11,30

HEFT 806
Prof. Dr.-Ing. Herwart Opitz und Dr.-Ing. Rolf Piekenbrink, Laboratorium für Werkzeugmaschinen und Betriebslehre der Rhein.-Westf. Technischen Hochschule Aachen
Untersuchungen an Zahnradbearbeitungsmaschinen
1960. 95 Seiten, 81 Abb. DM 29,30

HEFT 809
Prof. Dr.-Ing. Herwart Opitz und Dipl.-Ing. H. H. Herold, Laboratorium für Werkzeugmaschinen und Betriebslehre der Rhein.-Westf. Technischen Hochschule Aachen
Untersuchung von elektro-mechanischen Schaltelementen
1960. 35 Seiten, 16 Abb. DM 11,—

HEFT 810
Prof. Dr.-Ing. Herwart Opitz und Dr.-Ing. Norbert Maas, Laboratorium für Werkzeugmaschinen und Betriebslehre der Rhein.-Westf. Technischen Hochschule Aachen
Das dynamische Verhalten von Lastschaltgetrieben
1960. 97 Seiten, 77 Abb. DM 29,50

HEFT 812
Prof. Dr.-Ing. Otto Kienzle und Dipl.-Ing. Klaus Mietzner, Institut für Werkzeugmaschinen und Umformtechnik an der Technischen Hochschule Hannover
Mikrogeometrische Veränderungen der Oberfläche bei Kaltumformvorgängen
1960. 47 Seiten, 38 Abb. DM 16,60

HEFT 820
Prof. Dr.-Ing. Herwart Opitz, Dipl.-Ing. Helmut Rohde und Dipl.-Ing. Wilfried König, Laboratorium für Werkzeugmaschinen und Betriebslehre der Rhein.-Westf. Technischen Hochschule Aachen
Untersuchungen der Spanformung durch Spanbrecher beim Drehen mit Hartmetallwerkzeugen
1960. 46 Seiten, 41 Abb. DM 15,80

HEFT 830
Prof. Dr.-Ing. Herwart Opitz und Dipl.-Ing. Wolfgang Backé, Laboratorium für Werkzeugmaschinen und Betriebslehre der Rhein.-Westf. Technischen Hochschule Aachen
Automatisierung des Arbeitsablaufes in der spanabhebenden Fertigung. Untersuchung eines unstetigen Nachformsystems mit einem elektrohydraulischen Stellglied
1960. 43 Seiten, 39 Abb. DM 14,60

HEFT 831
Prof. Dr.-Ing. Herwart Opitz, Dr.-Ing. Hans-Günther Rohs und Dr.-Ing. Gottfried Stute, Laboratorium für Werkzeugmaschinen und Betriebslehre der Rhein.-Westf. Technischen Hochschule Aachen
Statistische Untersuchungen über die Ausnutzung von Werkzeugmaschinen in der Einzel- und Massenfertigung
1960. 38 Seiten, 32 Abb. DM 13,—

HEFT 848
Dr.-Ing. Hans-Jochen Stöter, Institut für Werkzeugmaschinen und Umformtechnik der Technischen Hochschule Hannover
Untersuchung des Schmiedevorganges in Hammer und Presse, insbesondere hinsichtlich des Steigens
1960. 133 Seiten, 62 Abb., 8 Tabellen. DM 35,60

HEFT 864
Prof. Dr.-Ing. Herwart Opitz und Dr.-Ing. Gottfried Stute, Laboratorium für Werkzeugmaschinen und Betriebslehre der Rhein.-Westf. Technischen Hochschule Aachen
Funkenarbeit und Bearbeitungsergebnis bei der funkenerosiven Bearbeitung
1960. 44 Seiten, 19 Abb. DM 13,60

HEFT 894
Baudirektor Dr.-Ing. Wolfram Lindner, Staatliche Ingenieurschule für Maschinenwesen, Hagen
Vorschlag zur Vereinheitlichung der Hauptabmessungen an handelsüblichen Zahnradgetrieben
1960. 102 Seiten, 26 Abb., 21 Getriebeblätter, 38 Tabellen. DM 31,30

HEFT 898
Prof. Dr.-Ing. Herwart Opitz und Dipl.-Ing. Herbert de Jong, Laboratorium für Werkzeugmaschinen an der Rhein.-Westf. Technischen Hochschule Aachen
Untersuchung von Zahnradgetrieben und Zahnradbearbeitungsmaschinen in Zusammenarbeit mit der Industrie
1960. 58 Seiten, 52 Abb. DM 19,20

HEFT 900
Prof. Dr.-Ing. Herwart Opitz und Dr.-Ing. Johannes Bielefeld, Laboratorium für Werkzeugmaschinen und Betriebslehre der Rhein.-Westf. Technischen Hochschule Aachen
Modellversuche an Werkzeugmaschinenelementen
1960. 73 Seiten, 55 Abb. DM 21,—

HEFT 901
Prof. Dr.-Ing. Herwart Opitz, Dr.-Ing. Johannes Bielefeld und Dipl.-Ing. Werner Kalkert, Laboratorium für Werkzeugmaschinen und Betriebslehre der Rhein.-Westf. Technischen Hochschule Aachen
Lebensdauerprüfung von Zahnradgetrieben
1960. 54 Seiten, 46 Abb. DM 17,30

HEFT 905
Prof. Dr.-Ing. Franz Kollmann, Institut für Holzforschung und Holztechnik der Universität München
Untersuchung der wichtigeren Gebrauchseigenschaften von kunstharzbeschichteten Holzfaser- und Holzspanplatten
1960. 102 Seiten, 38 Abb., 12 Tabellen. DM 30,40

HEFT 927
Civilingenjör Lennart Junghahn, Institut für Verfahrenstechnik der GVT der Rhein.-Westf. Technischen Hochschule Aachen
Untersuchungen über die Krustenbildung an metallischen Werkstoffen
1960. 91 Seiten, 44 Abb., 4 Tabellen. DM 27,25

HEFT 928
Prof. Dr.-Ing. Herwart Opitz, Dipl.-Ing. Helmut Rohde und Dipl.-Ing. Wilfried König, Laboratorium für Werkzeugmaschinen und Betriebslehre der Rhein.-Westf. Technischen Hochschule Aachen
Untersuchung des Räumvorganges
1961. 115 Seiten, 90 Abb. DM 36,10

HEFT 929
Prof. Dr.-Ing. Herwart Opitz, Dr.-Ing. Henning Siebel, Dipl.-Ing. Reinhard Fleck und Dipl.-Ing. Franz Altdorf, Laboratorium für Werkzeugmaschinen und Betriebslehre der Rhein.-Westf. Technischen Hochschule Aachen
Richtwerte für das Fräsen von unlegierten und legierten Baustählen mit Hartmetall. - Teil III
1961. 64 Seiten, 57 Abb., 7 Tabellen. DM 21,30

HEFT 930
Prof. Dr.-Ing. Herwart Opitz und Dipl.-Ing. Rolf Umbach, Laboratorium für Werkzeugmaschinen und Betriebslehre der Rhein.-Westf. Technischen Hochschule Aachen
Modellversuch zur dynamischen Versteifung von Werkzeugmaschinen durch Ankopplung gedämpfter Hilfsmassensysteme
1961. 37 Seiten, 30 Abb. DM 13,30

HEFT 934
Prof. Dr.-Ing. Alfred H. Henning, Dr.-Ing. Heinz Peukert und Friedrich Mittrop, Institut für Kunststoffverarbeitung der Rhein.-Westf. Technischen Hochschule Aachen
Auswertung der in- und ausländischen Literatur auf dem Gebiete des Metallklebens. Teil II
1961. 143 Seiten. DM 36,90

HEFT 935
Dr. phil. nat. Erhard Herre, Essen
Korrosionsschutzmaßnahmen in Warmwasseranlagen unter Anwendung von Impfphosphaten und des kathodischen Schutzverfahrens mit Magnesium-Anoden
1961. 110 Seiten, 72 Abb., 7 Tabellen. DM 33,80

HEFT 955
Prof. Dr.-Ing. Herwart Opitz und Dipl.-Ing. Hans Uhrmeister, Laboratorium für Werkzeugmaschinen und Betriebslehre der Rhein.-Westf. Technischen Hochschule Aachen
Die dynamischen Eigenschaften hydraulischer Vorschubmotoren für Werkzeugmaschinen
1961. 60 Seiten, 66 Abb. DM 20,—

HEFT 965
Prof. Dr.-Ing. Dr. h. c. Herwart Opitz und Dipl.-Ing. Helmut Frank, Laboratorium für Werkzeugmaschinen und Betriebslehre der Rhein.-Westf. Technischen Hochschule Aachen
Richtwerte für das Außenrundschleifen
1961. 78 Seiten, 49 Abb., 4 Tabellen. DM 23,20

HEFT 966
Prof. Dr.-Ing. Dr. E. h. Otto Kienzle und Dr.-Ing. Klaus Grüning, Verein Deutscher Ingenieure, Düsseldorf
Über die Beanspruchungsverhältnisse in Blockaufnehmern von Strangpressen
1961. 136 Seiten, 70 Abb., 7 Tafeln. DM 40,70

HEFT 994
Dipl.-Phys. Ernst Schmidt, Institut für Verfahrenstechnik der GVT der Rhein.-Westf. Technischen Hochschule Aachen
Über die Entwicklung eines adiabatischen Kalorimeters zur genauen Messung von spezifischen Wärmen körniger und pulverförmiger Stoffe
1961. 74 Seiten, 24 Abb., 4 Tabellen. DM 21,—

HEFT 1007
Prof. Dr.-Ing. Dr. h. c. Herwart Opitz und Dr.-Ing. Gottfried Stute, Laboratorium für Werkzeugmaschinen und Betriebslehre der Rhein.-Westf. Technischen Hochschule Aachen
Berechnung der Funkenarbeit aus den elektrischen Daten der Arbeitskreiselemente von Funkenerosionsmaschinen
1961. 43 Seiten, 9 Abb. DM 14,80

HEFT 1008
Prof. Dr.-Ing. Dr. h. c. Herwart Opitz und Dr.-Ing. Paul-Heinz Brammertz, Laboratorium für Werkzeugmaschinen und Betriebslehre der Rhein.-Westf. Technischen Hochschule Aachen
Untersuchung der Ursachen für Form- und Maßfehler bei der Feinbearbeitung
1961. 43 Seiten, 32 Abb. DM 15,20

HEFT 1010
Prof. Dr.-Ing. Dr. h. c. Herwart Opitz, Dr.-Ing. Paul Kips, Laboratorium für Werkzeugmaschinen und Betriebslehre der Rhein.-Westf. Technischen Hochschule Aachen
Grundlagen des elektroerosiven Schleifens bei der Werkzeugaufbereitung
1961, 68 Seiten, 40 Abb., 6 Tabellen. DM 21,70

HEFT 1011
Prof. Dr.-Ing. Dr. h. c. Herwart Opitz, Dr.-Ing. Günter Ostermann und Dipl.-Ing. Max Gappisch, Laboratorium für Werkzeugmaschinen und Betriebslehre der Rhein.-Westf. Technischen Hochschule Aachen
Untersuchung der Ursachen des Werkzeugverschleißes
1961. 63 Seiten, 37 Abb., 3 Tabellen. DM 23,90

HEFT 1059
Dipl.-Ing. Ewald Reiners, Institut Verfahrenstechnik der GVT der Rhein.-Westf. Technischen Hochschule Aachen
Der Mechanismus der Prallzerkleinerung beim geraden, zentralen Stoß und die Anwendung dieser Beanspruchungsart bei der Zerkleinerung, insbesondere bei der selektiven Zerkleinerung von spröden Stoffen
1962. 64 Seiten, 24 Abb., 1 Tabelle. DM 22,60

HEFT 1060
Dipl.-Ing. Robert Rautenbach, Institut Verfahrenstechnik der GVT der Rhein.-Westf. Technischen Hochschule Aachen
Das Fließverhalten von Kunststoff im Walzspalt, untersucht am Beispiel von Polyäthylen
1961. 46 Seiten, 25 Abb., 1 Tabelle. DM 17,—

HEFT 1070
Prof. Dr.-Ing. Dr. h. c. Herwart Opitz und Dipl.-Ing. Hans-Hermann Herold, Laboratorium für Werkzeugmaschinen und Betriebslehre der Rhein.-Westf. Technischen Hochschule Aachen
Elektromechanische Kopiersteuerungen
1962. 102 Seiten, 74 Abb. DM 33,90

HEFT 1150
Prof. Dr.-Ing. Dr. h. c. Herwart Opitz, Dr.-Ing. Paul-Heinz Brammertz und Dr.-Ing. Ernst H. Kohlbage, Laboratorium für Werkzeugmaschinen und Betriebslehre der Rhein.-Westf. Technischen Hochschule Aachen
Untersuchungen zum Leistungsvergleich der Feinbearbeitungsverfahren
1963. 60 Seiten, 47 Abb. DM 31,20

HEFT 1181
Prof. Dr.-Ing. Joseph Mathieu, Dipl.-Ing. Kurt Gollnow, Forschungsinstitut für Rationalisierung der Rhein.-Westf. Technischen Hochschule Aachen
Beitrag zur Rationalisierung handwerklicher Betriebe – Entwicklung einer Untersuchungsmethode, dargestellt am Beispiel des Schreinerhandwerks
1963. 118 Seiten, 19 Abb., zahlreiche Übersichten. DM 62,50

HEFT 1182
Prof. Dr.-Ing. Alfred Kuhlenkamp und Dipl.-Ing. Ernst Reuter, Institut für Feinwerktechnik und Regelungstechnik der Technischen Hochschule Braunschweig
Entwicklung eines Drehmomenten-Meßgerätes
1963. 40 Seiten, 27 Abb. DM 18,90

HEFT 1216
Prof. Dr.-Ing. Joseph Mathieu, Dr.-Ing. Johann Heinrich Jung und Dr. rer. nat. Konstantin Behnert, Forschungsinstitut für Rationalisierung der Rhein.-Westf. Technischen Hochschule Aachen
Ein Verfahren zur Planung der Maschinenbelegung in einer Fertigungsstufe
1963. 39 Seiten, 18 Abb. DM 19,50

HEFT 1265
Dipl.-Ing. Fulvio Fonzi, Institut für Arbeitswissenschaft der Rhein.-Westf. Technischen Hochschule Aachen Direktor: Prof. Dr.-Ing. Joseph Mathieu
Beitrag zur Anwendung mathematischer Methoden für eine wirtschaftlichere Gestaltung der Fertigung
1964. 78 Seiten, 36 Abb. DM 48,50

HEFT 1312
Prof. Dr.-Ing. Dr. h. c. Herwart Opitz, und Dr.-Ing. Ernst Hermann Kohlbage, Laboratorium für Werkzeugmaschinen und Betriebslehre an der Rhein.-Westf. Technischen Hochschule Aachen
Zuordnung der Oberflächengüte zur ISA-Maßtoleranz
1964. 68 Seiten, 34 Abb., 8 Tabellen. DM 36,—

HEFT 1440
Prof. Dr.-Ing. Alfred H. Henning †, Dipl.-Ing. Gerhard Glasmacher und Dipl.-Ing. Josef Zöhren, Institut für Kunststoffverarbeitung in Industrie und Handwerk an der Rhein.-Westf. Technischen Hochschule Aachen
Untersuchung und Entwicklung von Prüfverfahren für Kunststoff-Schweißverbindungen
1964. 51 Seiten, 47 Abb. DM 24,50

HEFT 1505
Prof. Dr.-Ing. Alfred H. Henning †, Prof. Dr.-Ing. habil. Karl Krekeler und Dipl.-Ing. J. Eilers, Institut für Kunststoffverarbeitung in Industrie und Handwerk an der Rhein.-Westf. Technischen Hochschule Aachen
Zusammenstellung verschiedener Verbindungsmöglichkeiten für Kunststoffrohre und Festigkeitsuntersuchungen an PVC- und PE-Rohren und deren Verbindungen
1965. 103 Seiten, 97 Abb., 18 Tabellen. DM 58,—

HEFT 1506
Prof. Dr.-Ing. Alfred H. Henning †, Prof. Dr.-Ing. habil. Karl Krekeler und Dipl.-Ing. Arne Rothenpieler, Institut für Kunststoffverarbeitung in Industrie und Handwerk an der Rhein.-Westf. Technischen Hochschule Aachen
Untersuchungen über die Änderung der Festigkeitseigenschaften von Polyäthylen durch Warmrecken
1965. 36 Seiten, 31 Abb. DM 20,50

HEFT 1507
Prof. Dr.-Ing. Alfred H. Henning †, Prof. Dr.-Ing. habil. Karl Krekeler und Dipl.-Ing. Peter Klenk, Institut für Kunststoffverarbeitung in Industrie und Handwerk an der Rhein.-Westf. Technischen Hochschule Aachen
Qualitätsuntersuchungen an Kunststoffrohren
1965. 52 Seiten, 35 Abb., 7 Tabellen. DM 28,—

HEFT 1508
Prof. Dr.-Ing. Alfred H. Henning †, Prof. Dr.-Ing. habil. Karl Krekeler, Dipl.-Ing. Arne Rothenpieler und Dipl.-Ing. Rainer Taprogge, Institut für Kunststoffverarbeitung in Industrie und Handwerk an der Rhein.-Westf. Technischen Hochschule Aachen
Einfluß des Umformgrades auf die Kaltsprödigkeit thermoplastischer Kunststoffe
1965. 31 Seiten, 22 Abb. DM 18,50

HEFT 1509
Dr.-Ing. Karl-Heinz Kaps, Forschungsinstitut für Rationalisierung an der Rhein.-Westf. Technischen Hochschule Aachen Direktor: Prof. Dr.-Ing. Joseph Mathieu
Die Bedeutung der Lagerhaltung für die Produktionsplanung in Industriebetrieben
1965. 96 Seiten, 17 Abb., 5 Tabellen, 4 Diagramme. DM 58,—

HEFT 1525
Prof. Dr.-Ing. Alfred H. Henning †, Prof. Dr.-Ing. habil. Karl Krekeler und Dipl.-Ing. Hans Wilhelm Rotthaus, Institut für schweißtechnische Fertigungsverfahren der Rhein.-Westf. Technischen Hochschule Aachen
Untersuchung möglicher Zwangslagenschweißung mit dem Kohlensäure-Schweißverfahren
1965. 49 Seiten, 32 Abb., 8 Tabellen. DM 25,80

HEFT 1526
Prof. Dr.-Ing. Alfred H. Henning †, Prof. Dr.-Ing. habil. Karl Krekeler † und Dipl.-Ing. Alfried Meyer, Institut für schweißtechnische Fertigungsverfahren der Rhein.-Westf. Technischen Hochschule Aachen
Untersuchungen zum Buckelschweißen von Stahlblechen unter Verwendung verschiedener Buckeltypen
1966. 45 Seiten, 33 Abb., 13 Tabellen, 9 Diagramme. DM 27,—

HEFT 1527
Prof. Dr.-Ing. Alfred H. Henning †, Prof. Dr.-Ing. habil. Karl Krekeler † und Dr.-Ing. Horst Ernenputsch, Institut für schweißtechnische Fertigungsverfahren der Rhein.-Westf. Technischen Hochschule Aachen
Automatische Auftragsschweißung nach dem Metall-Lichtbogen-Verfahren unter Kohlendioxyd als Schutzgas
1966. 74 Seiten, 42 Abb. DM 38,30

HEFT 1528
Prof. Dr.-Ing. Alfred H. Henning †, Prof. Dr.-Ing. habil. Karl Krekeler †, Dr.-Ing. Salil Kumar Pal und Dipl.-Ing. Hans Verhoeven, Institut für schweißtechnische Fertigungsverfahren der Rhein.-Westf. Technischen Hochschule Aachen
Doppelkopfschweißen und Doppeldrahtschweißen nach dem Metall-Lichtbogen-Verfahren unter Verwendung von Kohlendioxyd als Schutzgas
1966. 56 Seiten, 46 Abb. DM 30,40

HEFT 1529
Prof. Dr.-Ing. Alfred H. Henning †, Prof. Dr.-Ing. habil. Karl Krekeler † und Dipl.-Ing. Friedhelm Walter, Institut für schweißtechnische Fertigungsverfahren der Rhein.-Westf. Technischen Hochschule Aachen
Schutzgasschweißen mit abschmelzender Elektrode unter Verwendung verschiedener Gasgemische
1965. 62 Seiten, 41 Abb., 3 Tabellen, 23 Diagramme. DM 36,50

HEFT 1532
Prof. Dr.-Ing. Dr. h. c. Herwart Opitz, Dr.-Ing. Helmut Frank, Dipl.-Ing. Wilhelm Ernst und Dipl.-Ing. Otto Daude, Laboratorium für Werkzeugmaschinen und Betriebslehre der Rhein.-Westf. Technischen Hochschule Aachen
Untersuchungen über den Einfluß des Schleifscheibenaufbaues und der Zerspanungsbedingungen auf die Ausbildung der Schneidfläche der Schleifscheibe im Hinblick auf das Arbeitsergebnis
1965. 77 Seiten, 49 Abb., 2 Tabellen. DM 47,—

HEFT 1535
Prof. Dr.-Ing. habil. Karl Krekeler† und Dipl.-Ing. Rainer Taprogge, Institut für Kunststoffverarbeitung in Industrie und Handwerk an der Rhein.-Westf. Technischen Hochschule Aachen
Untersuchungen zur Bestimmung des Zeitstandverhaltens thermoplastischer Kunststoffe bei Zug- und Biegebeanspruchung
1965. 82 Seiten, 109 Abb. DM 49,80

HEFT 1572
Prof. Dr.-Ing. Dr. h. c. Herwart Opitz und Dr.-Ing. E. Schaller, Laboratorium für Werkzeugmaschinen und Betriebslehre der Rhein.-Westf. Technischen Hochschule Aachen
Untersuchung der Ursachen des Werkzeugverschleißes
1966. 89 Seiten, 39 Abb., 5 Tabellen. DM 52,80

HEFT 1602
Prof. Dr.-Ing. Alfred H. Henning †, Prof. Dr.-Ing. habil. Karl Krekeler †, Dr.-Ing. Wolfgang Krieweth und Dipl.-Ing. Hans Verhoeven, Institut für Schweißtechnische Fertigungsverfahren der Rhein.-Westf. Technischen Hochschule Aachen
Das elektrische Vertikal – CO_2 – Schweißen mit zwangsweiser Schweißnahtbegrenzung
In Vorbereitung

HEFT 1603
Prof. Dr.-Ing. Alfred H. Henning †, Prof. Dr.-Ing. habil. Karl Krekeler † und Dipl.-Ing. Hans Verhoeven, Institut für Schweißtechnische Fertigungsverfahren der Rhein.-Westf. Technischen Hochschule Aachen
Widerstandsschweißversuche an kaltfestigem Stahl
In Vorbereitung

HEFT 1646
Prof. Dr.-Ing. Alfred H. Henning †, Prof. Dr.-Ing. habil. Karl Krekeler † und Dipl.-Ing. E.O. Dessel, Institut für schweißtechnische Fertigungsverfahren der Rhein.-Westf. Technischen Hochschule Aachen
Schneid- und Schweißversuche mit Elektronenstrahlen

HEFT 1676
Prof. Dr.-Ing. Dr. h. c. Herwart Opitz, Dr.-Ing. Wilfried Lehwald und Dipl.-Ing. Wolf-Dieter Neumann, Laboratorium für Werkzeugmaschinen und Betriebslehre der Rhein.-Westf. Technischen Hochschule Aachen
Untersuchungen über den Einsatz von Hartmetallen beim Schrupp- und Schlichtfräsen von Stahl mit Messerköpfen
In Vorbereitung

HEFT 1702
Prof. Dr.-Ing. Alfred H. Henning †, Prof. Dr.-Ing. habil. Karl Krekeler † und Dipl.-Ing. Hans Wilhelm Rotthaus, Institut für schweißtechnische Fertigungsverfahren der Rhein.-Westf. Technischen Hochschule Aachen
Lichtbogenschweißen mit Wasserdampfschutz
In Vorbereitung

HEFT 1703
Prof. Dr.-Ing. Alfred H. Henning†, Prof. Dr.-Ing. habil. Karl Krekeler† und Dipl.-Ing. Rochus Gronwald, Institut für schweißtechnische Fertigungsverfahren der Rhein.-Westf. Technischen Hochschule Aachen
Untersuchungen Elektro-Schlacke-Schweißen von Blechen geringer Wanddicke *In Vorbereitung*

HEFT 1716
Prof. Dr.-Ing. Dr. h. c. Herwart Opitz, Dipl.-Ing. H. Heitmann, Dipl.-Ing. U. Becker-Barbrock und Dipl.-Ing. E. Scholz, Laboratorium für Werkzeugmaschinen und Betriebslehre der Rhein.-Westf. Technischen Hochschule Aachen
Untersuchung und Weiterentwicklung neuer Metallbearbeitungsverfahren - Elektrochemische Bearbeitung - *In Vorbereitung*

HEFT 1717
Prof. Dr.-Ing. habil. Dr. h. c. Max Fink und Dr.-Ing. Josef Kläusler, Forschungsinstitut der Gesellschaft zur Förderung der Glimmentladungsforschung e. V., Köln Direktor: Prof. Dr. Martin Schmeisser
Die Schaffung hochabnutzungsfester Reibflächen durch Ionitrierung von Kugelgraphitguß
In Vorbereitung

HEFT 1734
Prof. Dr.-Ing. Friedrich Eichhorn, Prof. Dr.-Ing. Alfred H. Henning†, Prof. Dr.-Ing. habil. Karl Krekeler†, Prof. Dr.-Ing. Georg Menges und Dipl.-Ing. Friedrich Mittrop, Institut für Kunststoffverarbeitung in Industrie und Handwerk an der Rhein.-Westf. Technischen Hochschule Aachen
Untersuchungen über das Alterungsverhalten, die Temperaturbeständigkeit und Zeitstandfestigkeit von Metallklebverbindungen mit und ohne Füllstoffzusätze zum Klebstoff *In Vorbereitung*

HEFT 1735
Dipl.-Phys. Alfred Krings, Dr.-Ing. Hans Schlaug und Dr. rer. nat. Paul Schümmer, Institut für Verfahrenstechnik der Rhein.-Westf. Technischen Hochschule Aachen
Bestimmung des Diffusionskoeffizienten von Kalium in Kupfer *In Vorbereitung*

HEFT 1747
Prof. Dr.-Ing. Alfred H. Henning†, Prof. Dr.-Ing. habil. Karl Krekeler†, Prof. Dr.-Ing. Georg Menges und Dipl.-Ing. Friedrich Mittrop, Institut für Kunststoffverarbeitung in Industrie und Handwerk an der Rhein.-Westf. Technischen Hochschule Aachen
Die Spannungsrißkorrosion bei Kunststoffen – Zusammenstellung von Prüfverfahren und Untersuchungen an PE und PVC *In Vorbereitung*

HEFT 1750
Prof. Dr.-Ing. Dr. h. c. Herwart Opitz, Dr.-Ing. Alfred Ledergerber, Dr.-Ing. Tschol-Hi Kang und Dipl.-Ing. Reinhard Derenthal, Laboratorium für Werkzeugmaschinen und Betriebslehre der Rhein.-Westf. Technischen Hochschule Aachen
Untersuchung bei der Feinbearbeitung
In Vorbereitung

HEFT 1751
Prof. Dr.-Ing. Dr. h. c. Herwart Opitz, Dr.-Ing. Albert Mussenbrock, Dr.-Ing. Reinhard Thämer und Dipl.-Ing. Karl Ziegeler, Laboratorium für Werkzeugmaschinen und Betriebslehre der Rhein.-Westf. Technischen Hochschule Aachen
Über die Ermittlung von Schnittkräften und das statische und dynamische Verhalten von Verzahnmaschinen *In Vorbereitung*

HEFT 1762
Dipl.-Ing. Ludwig Mühlhaus, Institut für Verfahrenstechnik der Rhein.-Westf. Technischen Hochschule Aachen
Meßtechnische Untersuchungen zur Strukturanalyse von Mischkörpern *In Vorbereitung*

HEFT 1765
Prof. Dr.-Ing. Alfred H. Henning†, Prof. Dr.-Ing. habil. Karl Krekeler†, Prof. Dr.-Ing. Georg Menges und Dipl.-Ing. Bernhard Frerichmann, Institut für Kunststoffverarbeitung in Industrie und Handwerk an der Rhein.-Westf. Technischen Hochschule Aachen
Ermittlung fertigungsgerechter Arbeitsbedingungen und Untersuchungen des Zerspannungsverhaltens beim Drehen thermoplastischer Kunststoffe *In Vorbereitung*

Verzeichnisse der Forschungsberichte aus folgenden Gebieten können beim Verlag angefordert werden:
Acetylen/Schweißtechnik – Arbeitswissenschaft – Bau/Steine/Erden – Bergbau – Biologie – Chemie – Druck/Farbe/Papier/Photographie – Eisenverarbeitende Industrie – Elektrotechnik/Optik – Energiewirtschaft – Fahrzeugbau/Gasmotoren – Fertigung – Funktechnik/Astronomie – Gaswirtschaft – Holzbearbeitung – Hüttenwesen/Werkstoffkunde – Kunststoffe – Luftfahrt/Flugwissenschaften – Luftreinhaltung – Maschinenbau – Mathematik – Medizin/Pharmakologie – NE-Metalle – Physik – Rationalisierung – Schall/Ultraschall – Schiffahrt – Textilforschung – Turbinen – Verkehr – Wirtschaftswissenschaften.

 WESTDEUTSCHER VERLAG · KÖLN UND OPLADEN
567 Opladen/Rhld., Ophovener Straße 1-3

MIX
Papier aus verantwortungsvollen Quellen
Paper from responsible sources
FSC® C105338

If you have any concerns about our products,
you can contact us on
ProductSafety@springernature.com

In case Publisher is established outside the EU,
the EU authorized representative is:
**Springer Nature Customer Service Center GmbH
Europaplatz 3, 69115 Heidelberg, Germany**

Printed by Libri Plureos GmbH
in Hamburg, Germany